당신이 두고 보아야 할 필수 도서!

동물병원 119

강아지편

프롤로그

강아지를 키운다?

대부분의 가정에서 한두 번쯤은 하는 고민입니다. 강아지 사달라고 조르는 아이들, 그 뒤치다꺼리는 내가 다해야 한다며 결사반대를 외치는 엄마 그리고 그 사이에서 이러지도 저러지도 못하는 아빠까지, 주위에서 드물지 않게 볼 수 있는 풍경이지요.

강아지를 많이 대하는 제 입장에서 보자면, 일단은 엄마의 손을 들어드리고 싶습니다.

엄마의 우려처럼, 강아지를 키우는 것은 아이를 키우는 것만큼이나 손이 많이 가고, 신경 써야 할 일도 많은 것이 사실이기 때문입니다.
잘 먹이고, 잘 씻기고, 잘 재우고, 잘 싸는지 체크하고, 철마다 접종해주고 구충약을 먹이는 일까지. 강아지를 제대로 건강하게 키운다는 건 신경 써야 할 일이 보통 많은 게 아니지요.
하지만 그럼에도 불구하고 많은 분들이 강아지를 키우는 이유이자, 저 또한 집에서나 병원에서나 항상 강아지들과 동고동락하는 이유는 그들이 우리에게 주는 사랑과 위안이 모든 것을 감싸고도 남기 때문입니다.

그들은 우리에게 무조건적인 사랑과 신뢰를 보내며, 지친 마음을 기댈 수 있게 해주고, 가족들 사이에 웃을 수 있는 이야깃거리를 만들어 줍니다.
자고 있는 숨소리를 가만히 듣고만 있어도 위안이 되는 나의 가족, 나의 친구.

이 책은, 강아지를 처음 만났을 때부터 이별하는 순간이 올 때까지 발생할 수 있는 많은 상황들에 대하여 이야기하는 책입니다.
강아지를 돌봐주는 좋은 환경과 올바른 태도 그리고 건강하게 자랄 수 있도록 관리하는 방법 뿐만 아니라 살면서 발생할 수 있는 여러 질환들을 알아보고 대처하는 방법 그리고 시간이 흐른 후 강아지와 잘 이별하는 방법들까지, 수많은 이야기를 풀어내 보고자 합니다.
하지만 이 책은 질병에 대한 정보를 제공하지만 자가치료를 권장하지는 않습니다. 그보다는 질병을 알아보는 눈을 키울 수 있도록 하여 치료의 골든타임을 놓치지 않도록 도움이 되었으면 합니다. 또한, 무분별하게 범람하는 인터넷의 부정확한 자료들 속에서 대학-대학원을 거쳐 임상가로서 살아온 16년의 지식과 경험을 바탕으로 보다 정확하고 안전한 정보를 전달해 드리고자 합니다.

강아지를 키우는 데 있어서 쉽고 간단한 길은 없습니다. 비싼 사료를 먹이고 유명한 메이커의 옷을 입히기만 한다고 해서 강아지가 잘 크는 것은 아닙니다.

강아지를 잘 키우기 위해 필요한 것은 상투적이고 뻔한 말이지만, 가족의 관심과 사랑과 보호입니다. 비싼 명품 핸드백이나 장식품처럼 과시용이 아닌, 심심할 때만 찾는 심심풀이 땅콩이 아닌, 보호해주고 사랑해주고 아껴줘야 하는 나의 가족. 그 마음입니다.

우리 개는 똥개야! 라고 부끄러워하기보다, 우리 개는 세상에 단 하나밖에 없는 특별한 품종이야! 라고 당당하게 안아줄 수 있는 마음. 나이가 들어 똥오줌을 못 가리고 치매에 걸려도, 하루만이라도 더 함께 있어 달라고 바라는 마음. 이 마음들이 저를 오랜 시간 동안 수의사로 살아오게 만드는 힘이었다고 생각합니다.

이러한 따뜻한 마음 위에 강아지에 대한 이해와 지식이 더해진다면, 강아지와 행복한 가족이 될 준비가 끝난 것입니다. 이 책이 그 과정에 작게나마 보탬이 되었으면 합니다.

2016년 11월 18일

부부 수의사 **한현정, 이준섭** 올림

Thanks to...

이 책에 도움을 주신 맹소연 수의사, 박라영 실장님을 비롯한 치료멍멍 동물병원 신사본원 식구들, 안과질환에 대한 정보를 제공해 주신 건국대학교 부속 동물병원 안과 김준영 교수님께 감사의 마음을 전합니다.

무엇보다 저희 부부에게 오랜 친구이자 가족이 되어준 호동이, 다나, 돌돌이, 빤쮸와 하늘나라에서 우리를 기다리고 있을 꾸숑이, 몽이, 솔비, 떡순이, 진이, 포치에게도 사랑과 감사의 마음을 전합니다. 바쁜 딸과 사위를 대신하여 아이들을 케어해주고 아낌없이 사랑해주는 엄마, 외숙모, 우리 가족들 사랑합니다. 고맙습니다.

반려견과 함께 하는 일은 생각만큼 쉽지 않습니다. 사실 내 몸 하나 건사하기도 힘든데 끊임없이 신경 쓰고 챙겨줘야 하는 생명이 더 있다는 건, 항상 즐거운 마음으로만 하기 어려운 일입니다. 하지만 방송이 끝나고 지친 몸으로 집에 왔을 때, 어떤 새벽에라도 달려 나와 꼬리를 흔드는 녀석들을 보면 역시 함께 해서 행복하다는 생각이 듭니다.

이 책은 반려견과 함께 하는 삶을 있는 그대로 잘 이야기해 줍니다. 처음 만나서-건강하게 키우고-잘 이별하는 일까지, 반려견과 함께 하는데 필요한 거의 모든 것을 알려줍니다. 반려견과 함께 하는 생활에 대해 막연한 기대 혹은 불안을 품고 있는 모든 분들이라면 이 책이 큰 도움이 될 것 같습니다.

– 코미디언 이경규

반려견과 함께 살아가는 것은 많은 노력과 책임감이 필요한 것 같아요. 처음에 아무것도 모르고 아이들을 입양해서 놀라고 당황해서 병원에 뛰어 갔던 적이 한두 번이 아니에요. 그 책의 내용을 보고 '이 책이 있었으면 얼마나 좋았을까? 조금 더 아이들을 빨리 이해하고 알아줬을 텐데' 라는 생각이 들었어요. 반려견과 함께 한다는 것은 우리가 아이들에게 주는 것보다 아이들이 우리에게 더 많은 가르침과 따스함 그리고 사랑을 주는 일이라는 생각이 많이 들어요. 우리도 사랑스런 아이들을 위해서 미리 알고 이해해주는 것은 어떨까요? 아이들의 언어에 더 귀 기울여줄 분들께 추천합니다.

– 배우 김무열, 윤승아

많은 사람들이 어린 동물의 귀엽고 예쁜 점만 보고 동거를 시작합니다. 그렇다보니 난관에 처했을 때에 대처하지 못하고 버리는 사태까지 생깁니다. 평소 이런 점들이 늘 아쉬웠는데, 이 책은 반려동물을 양육하기 전에 보호자들이 준비해야 할 마음가짐과 바른 양육 등을 잘 제시하고 있어서 올바른 반려동물문화에 기여할 것으로 보여 기쁩니다. 필자가 평소 소외된 동물 치료에 적극적인 인술을 베푸시는 수의사님이어서 곳곳에 동물을 배려하는 세심함도 더욱 돋보이는 책입니다.

– 동물자유연대 대표 조희경

차례

CONTENTS

3장 반려동물과 함께 건강하게 살기 위해 알아야 할 것들

상처가 났을 때 / 안구가 튀어나왔을 때 / 탈장이 되었을 때 / 발톱을 깎다가 피가 날 때 / 발작할 때 / 숨을 못 쉴 때(인공호흡) / 심장이 안 뛸 때(심장마사지) / 화상을 입었을 때 / 열사병 / 저체온증 / 먹지 말아야 할 것을 먹었을 때 / 애기가 나오려 할 때 / 혈당이 낮을 때

건강검진의 중요성 / 건강검진 대상과 횟수 / 노령견 건강검진 항목 / 노령견 건강관리 / 노령견 행동 변화 이해하기(치매 등) / 편안한 노후 환경 만들어주기 / 행복한 이별 준비하기

기본적인 행동, 표정 읽기 / 분리 불안 – 엄마와 떨어지기 싫어요! / 끊임없이 짖기 / 사람을 물어요. / 붕가붕가가 너무 심해요.

사료 외에 꼭 영양제 등을 먹여야 하나요?
강아지와 서열 정하기
좋은 간식 고르는 법 & 간식 횟수 정하기
산책은 꼭 시켜줘야 하나요? 적절한 운동이나 산책 강도, 시간, 횟수는?
애견의 질환 중에 사람에게 옮을 수 있는 것이 있나요?
아이랑 강아지랑 같이 키우면 안 되나요?
아파트에서 법적으로 강아지를 키우면 안 되나요?
성대수술시키면 개가 우울증에 걸리나요?
아플 때 사람 먹는 약이나 연고를 발라줘도 되나요?
한방치료가 정말 효과가 있나요?
강아지를 잃어버렸어요. 어떻게 찾을 수 있을까요?
해외에 나갈 때?

제1장

꼭 알아야 하는 애견지식10

1
새 식구 맞이하기

🐶 건강한 강아지 알아보는 법

강아지를 처음 식구로 맞이할 때 가장 중요하게 고려해야 할 것 중 하나가 '건강상태'입니다. "장애견이나 아픈 아이들은 선택할 가치가 없다?"는 말이 아닙니다. 아픈 아이들을 식구로 맞이하기 위해서는 그만큼 더 많은 각오와 부담이 필요한데, 막연히 '건강하겠지...' 하고 데려온 아이가 아플 경우에는 그런 준비가 안 돼 있는 경우가 많습니다. 특히 어린 강아지를 데려온 경우 건강상태를 체크하지 못해서 데려오자마자 아프고, 제대로 치료도 받지 못하고 돌려보내지거나, 심한 경우 죽게 되어서 가족들 마음에 큰 상처로 남는 경우도 종종 볼 수 있습니다.

이런 비극에 맞닥뜨리고 싶지 않다면, 아직 아픈 아이를 마주할 준비가 되어 있지 않다면 아래의 사항을 꼼꼼히 체크해 보기 바랍니다.

강아지를 식구로 맞이할 때, 체크포인트 7

1. 눈곱, 결막이 충혈되었는지 체크!

특히 3개월 미만의 어린 강아지의 경우, 누런 눈곱이 끼거나 결막이 충혈되어 있다면 홍역과 같은 바이러스 전염병에 걸렸을 가능성이 높습니다.

2. 누런 콧물이 나거나, 코가 말라 있는지 체크!

코가 말라 있는 경우는 몸에 열이 나거나, 컨디션이 좋지 않다는 증거입니다. 또한 누런 콧물은 눈곱과 마찬가지로 홍역이나 감기와 같은 전염병에 걸렸을 가능성이 있습니다.

3. 항문 주위에 변이 지저분하게 묻어 있는지 체크!

장염으로 인해 변 상태가 좋지 못한 경우, 설사를 하는 경우, 항문 주위가 지저분한 경우가 많습니다. 성견은 치료하면 좋아지는 경우가 더 많지만 어린 강아지의 경우에는 위험할 수도 있으니 고려해야 합니다.

4. 귀에 분비물이나 냄새가 나는지 체크!

누런 분비물은 비정상적인 분비물로서 귓병이 있음을 지시한다.

귀에서 누런색 또는 갈색 분비물이 나오거나 냄새가 심한 경우는 귀 진드기, 세균, 곰팡이에 감염되었을 가능성이 높습니다. 육안으로 분비물이 있는지 확인하고, 냄새를 맡아보고, 귀 주위를 주물러보아서 아파하거나 찐득찐득한 느낌이 있는지 확인해 보는 것이 좋습니다.

5. 갈비뼈와 척추뼈가 두드러질 정도로 말라 있는지 체크!

심하게 마른 아이들은 잘 먹지 못해서일 수도 있지만, 만성질환이나 종양 등으로 인해서 심하게 말랐을 수도 있습니다.

심하게 마른 강아지들은 척추, 갈비뼈, 골반 등이 두드러진다. 척추가 굽어 있는 것 같이 보이기도 한다.

6. 걸을 때 비틀대거나 다리가 벌어지면서 미끄러지는지 체크!

똑바로 걷지 못하고 비틀대거나 자꾸 미끄러질 경우에는 뇌, 척수와 같은 신경계 문제가 있을 가능성이 있습니다.

7. 가슴을 만졌을 때 손끝에서 "슉~ 슉~" 하는 떨림이 느껴지는지 체크!

심장이 있는 가슴 부위에 손을 댔을 때 손끝에 단순한 심장박동이 아닌 기계 돌아가는 소리 같은 떨림이 느껴진다면 심장혈관 기형일 수 있습니다.

위의 체크 사항 중에서 해당되는 부분이 있다면 현재 건강하지 못하다는 신호입니다. 특히 3개월 미만의 어린 강아지의 경우 치명적일 수 있으므로, 신중하고 정확한 판단이 필요합니다.

 Dr's advice

3개월 미만의 어린 강아지들은 각종 전염병과 질병에 쉽게 위험해질 수 있습니다. 입양 전에 눈, 코, 항문 상태를 체크하여 기본적인 건강상태를 확인해 주세요!

소위 '티(Tea)컵 강아지' 라고 불리는 초소형 강아지들은 인위적
으로 작고 약한 아이들끼리 계속 교배하거나, 영양적으로 결핍되
게 만드는 경우가 대부분입니다. 혈통이 좋은 것처럼 포장하여 비
싸게 파는 경우가 있는데, '티컵'이란 품종이나 혈통은 없으며, 보
통 일반 품종을 인위적으로 자연스러운 크기보다 작고 약하게 만
든 것이므로 각종 질병에 걸리기가 쉽고 수명이 짧은 경우가 많
습니다.

 **내 성격과 맞는 강아지 고르기**

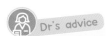 **Dr's advice**

강아지들에게서 품종별 성격이나 건강상의 특징은 분명히 존재합니다. 하지만 당연히 백퍼센트 다 해당된다고는 할 수 없겠죠?

예를 들어 얌전하고 조용한 편이라고 알려진 시추 중에서도 정신없이 발랄한 성격이 있을 수 있고, 똑똑하다고 알려진 보더콜리 중에도 훈련이 잘 안 되는 경우가 있습니다. 아래의 품종별 특징은 어디까지나 참고사항입니다!

│ 번잡스러운 건 딱 싫어! 조용하고 차분한, 실내에서 키우기 쉬운 강아지는?

조용하고 차분한 성격의 시추

• 소형견 – 시추, 페키니즈, 라사압소, 치와와, 프렌치 불독, 보스턴 테리어
• 중·대형견 – 샤페이, 차우차우, 시바 이누, 바셋 하운드, 버니즈 마운틴 독, 아키타

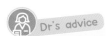 **Dr's advice**

주로 주둥이가 눌린 단두종 아이들은 활동성이 적어 조용하고 차분하게 느끼는 경우가 많습니다. 하지만 이렇게 활동성이 적은 아이들은 운동량이 적고 게으른 경우가 많기 때문에 쉽게 살이 찔 수 있습니다. 식이조절과 체중관리에 항상 신경 써주세요!

똥꼬발랄! 키우는 재미가 2배인, 활기차고 액티브한 강아지는?

- 소형견 – 미니핀, 잭 러셀 테리어, 스피츠
- 중 · 대형견 – 리트리버, 보더콜리, 시베 리안 허스키, 아이리쉬 세터

키우는 재미가 2배! 골든 리트리버

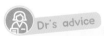 Dr's advice

활기차고 액티브한 강아지들은 집에서 귀여운(?) 사고를 치는 경우가 종종 있습니다. 넘치는 에너지를 주체하지 못해서 바닥이나 벽지를 뜯는다거나 가구를 물어뜯기도 합니다. 또한 너무 심하게 뛰어내리거나 해서 뼈가 골절이 되는 경우가 많으므로 주의해야 합니다.

똑똑해서 훈련이 잘 되는 강아지는?

- 소형견 – 토이 푸들, 빠삐용, 잭 러셀 테리어
- 중 · 대형견 – 보더콜리, 셔틀랜드 쉽독, 리트리버, 저먼 세퍼드, 웰시코기

똑똑한 강아지 웰시 코기

똑똑한 강아지의 대명사는 역시 보더콜리죠! 똑똑한 아이들은 기본적인 배변 훈련, 앉아·일어나 외에도 조금만 노력하면 더 많은 의사소통을 할 수 있습니다. 약간의 인내심과 적절한 훈련방법만 익힌다면 TV에 나오는 아이들처럼 더 많은 장기를 가지고 보호자들과도 의사소통할 수 있게 됩니다.

털 빠지는 건 싫어요. 털이 덜 빠지는 강아지는?

털이 덜 빠지는 비숑 프리제

- 소형견 – 푸들, 비숑 프리제, 시추, 요크셔 테리어, 말티즈, 미니어처 슈나우저, 베들링턴 테리어, 꼬똥 드 튤레아
- 중·대형견 – 샤페이

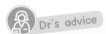

방금 치웠는데 뒤돌아서면 소복이 쌓여있는 털! 털! 털! 이런 상황을 견디기 힘들거나, 털에 알레르기가 심하신 분들에게 가장 잘 맞는 아이들은 푸들과 비숑 프리제입니다. 복슬복슬 예쁜 털을 가지고 있으면서도 털이 빠지는 양이 다른 품종에 비해 훨씬 적답니다. 그 외에도 우리나라에서 인기 있는 소형견은 대형견에 비해 탈모가 훨씬 적으니까 안심하셔도 된답니다.

▎키우고 있는 강아지에게 가족을 만들어 주고 싶어요. 다른 개들과 친화력이 좋은 강아지는?

- 소형견 – 카발리에 킹 찰스 스파니엘, 꼬똥 드 튤레아
- 중 · 대형견 – 골든 리트리버, 버니즈 마운틴 독

친화력이 좋은 카발리에 킹 찰스 스파니엘

Dr's advice

혼자 외로울까 봐 다른 친구를 만들어 줬는데 둘이 사이가 안 좋다면? 그것만큼 안타까운 일이 또 있을까요. 실제로 예민한 강아지들은 낯선 친구들을 심하게 경계하고 오랜 시간 동안 친해지지 않는 경우도 있습니다. 하지만 위의 친구들은 다른 개들과의 친화력이 정말 으뜸! 둥글둥글한 외모만큼이나 성격도 둥글둥글해서 어떤 개들하고도 잘 어울리는 편이랍니다. 반대로 경계심이 강하고, 다른 개들과 잘 친해지지 않는 품종으로는 샤페이, 차우차우, 말라뮤트 등이 있으니 참고하세요.

귀찮은 건 딱 싫어! 손이 덜 가는 강아지는?

손이 덜 가는 치와와

- 소형견 – 치와와, 미니핀, 비글,
  보스턴 테리어
- 중·대형견 – 프렌치 불독, 그레이하운드,
  로트와일러, 와이마리너, 달마시안,
  박서

Dr's advice

강아지들을 건강하고 예쁘게 키우려면 꾸준한 관리는 필수입니다. 특히 가장 문제가
되는 것이 털 관리이지요. 털 관리를 잘못하면 엉키고 뭉치는 것은 물론이고 심하면 피
부질환이나 배뇨, 배변장애까지 유발할 수 있으니까요. 털 관리만 안 할 수 있어도 상
당히 할 일이 줄어들게 됩니다.

안 아프고 건강했으면 좋겠어요. 병이 적은 강아지는?

병이 적은 슈나우저

- 소형견 – 보스턴 테리어, 꼬똥 드 튈레아
- 중·대형견 – 스탠다드 슈나우저

강아지들은 품종적 또는 유전적으로 갖게 되는 선천적인 질환들이 많습니다. 대표적인 선천적 질환들이 슬개골 탈구, 디스크 질환, 기관협착 등이 있지요. 위에 소개한 품종이라고 해도 안 아프리라는 보장은 없지만, 그래도 다른 품종에 비해 선천적 질환에 걸릴 가능성은 낮은 편이랍니다.

▌강아지를 처음 키우는데요. 초보자에게 좋은 강아지는?

초보자에게 좋은 말티즈

• 소형견 – 말티즈, 시추, 푸들, 비숑 프리제, 카발리에 킹 찰스 스파니엘, 꼬똥 드 툴레아, 프렌치 불독, 빠삐용, 퍼그
• 중·대형견 – 리트리버, 사모예드, 웰시 코기

강아지를 처음 키울 때는 이것저것 모르는 것투성이, 두려운 것투성이입니다. 이럴 때 강아지마저도 너무 예민하거나 몸이 약하다면 그야말로 "멘붕"에 빠지실 수 있습니다. 처음 키우는 분들에게는 성격도 무난하고, 사람도 잘 따르고, 기초 체력도 어느 정도 갖춰진 아이들이 좋습니다.

아이와 같이 키우기 좋은 강아지는?

아이와 키우기 좋은 비글

- 소형견 – 비글, 바셋 하운드, 보스턴 테리어, 카발리에 킹 찰스 스파니엘
- 중·대형견 – 리트리버, 버니즈 마운틴 독, 웰시 코기

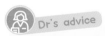 Dr's advice

저도 돌 지난 아들과 강아지들을 같이 키우고 있습니다만, 둘이 사이가 안 좋다면 참 난감할 것입니다. 사이가 안 좋은 대부분의 경우는 아이들은 강아지들에 대한 호기심이 많고 좋아하는데, 강아지가 싫어하거나 피하는 경우입니다. 특히 예민하거나 보호자에 대해 애정(소위 말하는 질투심)이 큰 강아지일수록 아이들을 싫어하게 됩니다. 아이와 함께 키우신다면 아이들에게 호의적이고, 피하거나 공격성을 잘 나타내지 않는 친화력이 강한 품종들을 고려해 보는 것이 어떨까요?

 사지 마세요! 입양하세요!

Don't buy, Adopt!

"Don't buy, Adopt!"라는 문구를 한 번쯤은 들어 보셨을 것입니다. 우리나라에서만도 한 해 버려지는 동물이 10만 마리. 이 중 대부분은 보호자를 찾지 못하고 안락사되거나, 보호

소의 열악한 시설에서 질병으로 삶을 마감하게 됩니다. 또 이 중 대부분은 아직 삶을 마감하기에는 너무 어리고 건강한 아까운 생명들입니다. '반려동물을 키워야지!'라고 생각하면 당연히 어리고 예쁜 새끼 강아지를 분양받아 키우고 싶은 마음이 앞설 것입니다. 하지만 상처받은 생명을 내 손으로 보듬고 품어 주면서 느끼는 사랑과 유대감은 그 못지않습니다. 필자도 8마리의 반려동물 중, 6마리가 유기견이었습니다. 돌이켜 생각해 보면 강아지 때부터 분양받아 키운 「꾸숑」이나, 보호자한테 버림받아 키우게 된 「몽이」에게 느끼는 사랑의 경중은 조금도 차이가 없었습니다.

지금 반려동물을 키울까 고민하신다면? 주저하지 말고, 입양하세요. 작고 예쁜 강아지가 주는 행복, 그 이상의 감동을 느끼실 수 있을 것입니다.

▌반려동물을 입양하기 전에...

• 비용 때문에 입양을 결정하신다면?

간혹, 분양비가 부담되어서 입양을 결정하는 경우가 있습니다. 단언컨대 절대 안 되는 일입니다! 반려동물을 키우다 보면 분양비 이상으로 비용이 많이 들어가게 됩니다. 초기비용을 아끼고자 유기견을 입양하신다면 추후 들어가는 양육비용도 당연히 부담스러우실 수 있고, 최악의 경우 그 아이들은 다시 버려질 수도 있습니다. 어떤 경우라도, 비용의 이유로 입양을 결정해서는 안 됩니다.

• 아픈 아이들의 입양

건강한 유기견들도 많이 있지만 장애가 있는 경우도 흔하게 볼 수 있습니다. 서로 유대감이 쌓이기 전이라면 장애가 더 부담스럽게 느껴질 수 있습니다. 그래서 건강한 아이들을 입양할 것을 권합니다. 그러나 장애가 있는 아이들도 충분한 사랑을 받으면 정상 아이들 이상으로 예뻐지고 활발해지는 경우가 대부분입니다. 키우다 보면 장애가 전혀 문제가 되지 않거나, 심지어는 그래서 더 예쁘다고 하는 분들도 많이 볼 수 있습니다. 한쪽 눈이 없는 아이, 한쪽 다리가 없는 아이, 뒷다리를 못 쓰는 아이 등등, 입양된 장애견들의 행복한 이야기는 끝이 없습니다.

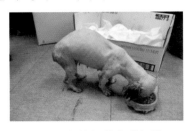

유기견일 때 영양 불균형과 피부질환으로 전신탈모 및 피부염이 심했던 아이

입양 후 건강한 상태로 털이 풍성하게 자랐다.

• 평생을 함께하겠다는 마음가짐

이것은 반려동물을 키우는 모든 사람들의 마음에 꼭 새겨 넣어야 할 숙제입니다. 분양받은 아이든, 입양한 아이든 나의 반려동물은 평생 내 가족으로서 함께해야 한다는 사랑과 책임감을 잊지 말아야 합니다. 특히 유기견을 입양하고 난 후 쉽게 파양하거나, 나 말고 또 다른 사람이 또 입양하겠지 하는 마음으로 돌려보낸다면, 그 아이를 두 번 죽이는 일이 됩니다.

나의 부모님, 나의 형제, 나의 자식을 버릴 수 없는 것처럼, 나의 또 다른 가족, 내 반려동물들에 대한 마음도 잊지 말아 주세요.

유기 동물 입양 방법

동물보호관리시스템을 통해 입양하기 – http://www.animal.go.kr/
정부에서 운영 중인 동물보호관리시스템 사이트이다. 전국의 보호소 및 동물병원에서 보호 중인 유기동물을 입양할 수 있다.

동물자유연대를 통해 입양하기 – http://www.animals.or.kr/
동물자유연대 홈페이지에는 입양을 기다리는 많은 아이들의 사진과 신상, 구조된 사연까지 다양한 정보를 본 후 입양을 신청할 수 있다.

유기동물 입양 카페, 사설 보호소, 동물보호단체에서 입양하기
인터넷 검색으로 다양한 보호소 및 유기동물 입양 카페에 접속하여 요구되는 절차를 거친 후 입양할 수 있다.

강아지 유치원

사교적인 강아지 만들기!

 문제행동! 왜 생길까요? – 강아지 사회화(Puppy Socialization)의 중요성

주인과 떨어지면 심하게 불안해하는 강아지, 낯선 사람을 보면 짖으면서 공격성을 보이는 강아지, 차에 타기만 하면 흥분해서 외출하기가 어려운 강아지 등 우리 주위에서 문제행동을 보이는 반려동물들을 쉽게 찾아볼 수가 있습니다. 실제로 키우기가 어려울 정도로 심각한 상황이 종종 있는데, 미국의 경우 3년령 이하 반려동물의 죽음 중 가장 큰 원인은 전염병 등의 질환이 아니라 놀랍게도 행동학적 문제라고 합니다.

문제행동을 발생시키지 않기 위해서 가장 중요한 개념이 '강아지의 사회화(Puppy Socialization)'입니다. 강아지의 문제행동의 근본에는 항상 두려움이 있습니다. 다른 동물이나 사람에 대한 두려움, 보호자와 떨어지게 되는 것에 대한 두려움, 차에 타는 것에 대한 두려움 등 문제행동의 방식은 달라도 그 밑바탕에는 항상 무엇인가에 대한 두려움이 깔려 있습니다.

강아지를 사회화시킨다는 것은 어릴 때(두려움이나 다른 나쁜 기억이 심어지기 전) 다양한 환경을 경험하게 함으로써 두려움을 갖지 않도록 하는 것입니다. 반려동물은 한번 두려움을 각인하면 쉽게 잊지 못하기 때문에 그로 인한 문제행동이 평생 가는 경우가 많습니다. 따라서 두려운 경험을 하기 전에 다양하고 긍정적인 경험들, 즉 올바른 사회화를 시켜서 문제행동을 유발하지 않는 것이 가장 중요합니다.

강아지의 사회화 시기! – 문제행동은 이 시기를 놓쳐서 생긴다!

다른 친구와 어울리는 강아지

가장 적절한 사회화 시기는 3개월령입니다. 이 시기의 강아지들은 새로운 사람, 동물, 환경을 거부감이나 두려움 없이 받아들입니다. 그야말로 가장 순수한 시기랄까요? 그렇기 때문에 이 시기에 긍정적인 경험을 많이 심어 주는 것이 중요합니다. 반대로, 이 시기에 큰 충격이나 두려움 등 부정적인 경험을 하게 되면 기억으로 각인되어 문제행동이 나타나게 됩니다. 예를 들어, 이 시기에 다른 개들에 대한 좋은 경험을 많이 갖게 되면 평생 다른 개들과 사이좋게 지낼 수가 있지만, 다른 개들에게서 공격을 받거나 나쁜 기억을 갖게 되면 그 후로는 다른 개들을 피해 다니거나 오히려 먼저 공격하는 등의 문제행동을 갖게 됩니다.

🐶 올바른 사회화 방법 _ 퍼피스쿨(Puppy School)

문제행동을 유발하지 않기 위해서는 올바른 사회화를 시키는 것이 중요합니다. 즉, 다양한 경험을 하게 해주되 적절한 방법으로 해야 한다는 것이지요. 아래의 주의사항을 보겠습니다.

사회화를 시키는 방법으로는 강아지를 다양한 사람이나 반려동물과 만나도록 하여 여러 경험을 갖게 하는 것이 대표적입니다. 장난감이나 게임, 집안에서 사물이나 바닥의 질감을 느껴보고, 터널 등의 새로운 공간 알아보기, 옷 입기나 목줄 해보기, 차에 타기, 케이지나 이동장에 들어가기 등 다양한 자극들을 풍부하게 경험시켜 주는 것이 좋습니다.
사회화시키기 가장 좋은 나이는 3개월령입니다. 단, 이때는 아직 접종이 완료되지 않았을 시기이기 때문에 다음 사항을 조심해야 합니다.

다양한 경험과 자극을 하게 해주되 깨끗한 실내에서 하는 것을 추천합니다. 야외는 확인되지 않은 병원체와 감염원이 있을 수 있습니다. 이때의 강아지는 아직 면역능력이 완전히 형성되어 있지 않기 때문에 병원체에 노출될 경우 심각한 질환으로 진행될 수 있습니다.

다른 동물들과 만나게 할 때 질병, 특히 전염병에 걸리지 않은 건강한 강아지들과 만나게 하는 것이 중요합니다. 다시 말해서, 신원(?)이 확실한 강아지들이지요. 간혹 접종이 끝나지도 않은 애기 강아지가 산책 중에 만나는 모든 강아지와 친하게 지내는 경우를 볼 수 있는데, 이러한 행동은 위험할 수 있습니다. 그 강아지들의 건강상태를 장담할 수 없기 때문이지요. 내가 잘 아는 지인의 강아지나 퍼피 스쿨에 입학해서 건강상태가 이미 확인된 강아지들과 어울리게 하는 것이 좋습니다.

성견들과 어울리게 할 때는 올바른 행동을 보이는 아이들과 어울려야 합니다. 문제행동이 있는 성견들과 어울리게 되면 긍정적인 경험보다는 부정적인 경험을 할 가능성이 높습니다. 이러한 경우 그 문제행동을 고스란히 배울 수 있습니다.

규칙적으로 혼자 노는 시간을 주어야 합니다. 좋아하는 장난감을 주거나 좋아하는 장소에서 낮잠을 잘 수 있게 해주세요. 혼자 즐기는 방법을 제대로 터득하면 보호자에게 지나치게 집착하는 것을 방지할 수 있습니다. 이러한 방법으로 분리불안증의 발생을 예방할 수 있습니다.

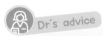

분리불안증이란?
보호자와 떨어지게 되면 심하게 흥분하고 불안해하는 문제행동을 말합니다. 주로 헥헥거리고, 부들부들 떠는 등의 증상을 나타내며, 심한 경우 공격성을 나타내거나 바닥이나 벽지 등을 물어뜯는 등의 문제행동을 나타내는 경우도 있습니다.

케이지나 이동장에 들어가는 것을 익숙하게 해주세요. 이를 일명 가둠 훈련이라고 하는데, 케이지나 이동장 등에 익숙해지면 그 안에 들어가 있는 것을 안락하게 느끼게 됩니다. 가둠 훈련을 하면 어떤 새로운 환경에 가더라도 근처에 케이지나 이동장을 놓아 주게 되면 안심하고 쉽게 적응할 수가 있습니다.

또한 갇혀 있는 것에 거부감이 없어져 입원을 하거나 여행을 할 때 수월하게 이동할 수 있습니다.

가둠 훈련 :
케이지 안에서 간식을 주거나 좋아하는 인형이나 장난감을 넣어 두어 안락함을 느끼게 해주는 훈련

퍼피스쿨

퍼피스쿨을 적극적으로 활용하세요. 퍼피스쿨은 강아지를 사회화시킬 수 있는 가장 좋은 방법입니다. 퍼피스쿨은 건강이 확인된 강아지들만 입학할 수 있으므로, 안심하고 다른 강아지들과 접촉시켜도 됩니다. 또 전문가들이 안전하고 체계적인 방법으로 사회화를 시키기 때문에 굉장히 효과적입니다. 최근에는 행동학을 전공한 수의사들이 많아지고 있고 많은 동물병원에서 퍼피스쿨을 운영하고 있습니다.

 Dr's advice

퍼피스쿨 바르게 이용하기?!!
퍼피스쿨은 사회화의 적기인 3개월령에 입학이 권장됩니다. 접종이나 구충 직후에는 컨디션이 안 좋을 수 있으니 수업 일주일 전에 접종을 해주시는 것이 좋습니다. 또 검증된 기관ㆍ동물병원에서 제대로 된 교육을 이수한 수의사ㆍ훈련사를 선택하는 것이 중요합니다.

Q. 강아지의 접종이 완료되기 전에는 스트레스를 주거나 다른 강아지와 접촉하면 안 된다고 들었습니다. 접종이 끝나기 전에 퍼피스쿨에 가도 안전한가요? 접종이 끝난 후에 하면 안 될까요?

A. 접종이 끝난 후에는 사회화 교육의 최적의 시기를 놓치게 됩니다. 대상에 대한 거부감이나 두려움이 없는 시기에 시작해야 최고의 효과를 나타낼 수 있기 때문에 3개월령 전에(늦어도 4개월령 전) 시작하는 것을 권장하고 있습니다. 물론, 완전히 면역능력이 형성되기 전이기 때문에 위에서 말씀드린 주의사항을 꼭 지켜야 합니다. 또 강아지의 사회화는 스트레스를 주는 훈련이라기보다는 놀이입니다. 즐거움을 기반으로 하기 때문에 대부분 스트레스가 많지는 않습니다만, 강아지가 스트레스가 심하다면 장소나 방법을 바꿔보는 것이 좋습니다.

Q. 케이지나 이동장에 들어가는 것을 어떤 방법으로 익숙하게 할 수 있나요?

A. 3개월령 이전에는 대부분 거부감이 없기 때문에 케이지나 이동장의 안을 안락하게 해 놓으면 쉽게 적응하게 됩니다. 단, 이미 케이지나 이동장에 거부감이 있거나 안 들어가려고 할 때는 억지로 밀어 넣으면 안 됩니다. 케이지를 더 싫어하게 됩니다. 그럴 때는 제일 좋아하는 사료나 간식거리를 케이지에서 먼 쪽에 놔두고 잘 먹으면 케이지 쪽으로 좀 더 가깝게, 또 잘 먹으면 더 가깝게 놔두는 방법으로 케이지 근처에 갈 수 있게 유도해 주는 방법이 효과적입니다. 그러다 보면 최종적으로 케이지 안에 사료그릇을 넣어도 그 안으로 들어가서 먹게 됩니다. 일단 그곳이 안락한 곳이라는 것을 느끼게 되면 그 다음부터는 알아서 자기가 들어가서 쉬게 된답니다.

Q. 우리 개는 이미 성견이라서 사회화 시기를 놓쳤습니다. 그래서인지 문제행동이 심각하고요. 교정이 가능할까요?

A. 사실 문제행동은 교정보다는 예방하는 것이 훨씬 쉽습니다. 그래서 퍼피스쿨에서는 어릴 때의 사회화를 강조하는 것이기도 합니다. 그러나 성견이어도 어렵기는 하지만 불가능한 것은 아닙니다. 자세한 이야기는 이 책의 312P.「3. 몸이 아니라 마음이 아파요」를 참고해 주세요.

화장실 가리는 법, 물어뜯지 않는 법, 산책하는 법 등의 기본생활 훈련부터 앉아·일어서 훈련, 손(발) 주기 훈련, 원반던지기 훈련 등의 고급 훈련까지 반려동물을 키울 때 훈련은 필수입니다.

훈련시킬 때 가장 중요한 첫 번째는 '화내지 말라!'입니다. 예전에는 훈련 중 강아지가 잘못을 했을 때 큰 소리를 내거나(대표적인 방법인 신문지를 말아서 방바닥을 쳐라!), 혼을 내면서 강아지를 겁주는 방법이 많이 사용되었습니다. 그러나 최근 훈련에 관한 연구를 보면 이렇게 혼을 내는 방법보다는 상을 주는 방법이 더 효과적이라는 것이 밝혀지고 있습니다.

단, 이것은 '잘못을 했는데 상을 준다?'는 의미가 아닙니다. 잘못을 했을 때는 무시하고, 잘한 행동을 했을 때 과할 정도로 칭찬해 주라는 의미입니다. 어

배변칭찬 : 올바른 장소에서 배변한 후 간식으로 칭찬해 주는 모습

떤 행동을 했을 때 칭찬을 받고 간식을 먹을 수 있다는 것을 알게 되면 그 행동을 더 많이 하게 됩니다. 반대로 잘못된 행동을 했을 때 무시하게 되면 그 행동은 점점 더 안 하게 됩니다. 이러한 식으로 문제행동을 고쳐 나가는 것이 가장 효과적입니다.

예를 들어, 화장실을 잘 못 가리는 강아지가 있습니다. 패드 위에 쌀 때도 있고 아무 데나 쌀 때도 있습니다. 아무 데나 싼다고 해서 강아지를 잘 못 싼 장소에 또는 패드 위에 데려다 놓고 신문지로 방바닥을 팡팡 쳐가면서 혼을 내게 되면 어떻게 될까요? 강아지는 왜 혼나는지도 잘 모를 가능성이 높고, 보

호자나 신문지 방망이에 대한 두려움만 커질 것입니다. 실제로 그렇게 훈련받은 강아지 중에는 신문지 뭉치만 보면 물어뜯으려고 하는 문제행동을 보인 아이도 있었습니다. 당연히 배뇨 훈련의 효과는 크게 기대할 수가 없습니다. 반대로, 패드에 소변을 보았을 때 바로 가서 칭찬해 주고 간식을 주게 되면「패드에 오줌싸기 = 간식」이라는 인식을 갖게 됩니다. 그렇게 되면 패드에 오줌을 싸서 간식을 얻어먹으려고 하게 되고, 나중에는 간식을 주지 않아도 패드에 오줌 싸기가 익숙하게 됩니다.

두 번째로 중요한 것은 인내와 끈기입니다. 상투적인 이야기지만, 훈련은 한 번에 되는 것이 아닙니다. 내가 원하는 행동이 강아지에게 익숙해질 때까지 반복적으로 훈련하여 각인시키는 것이 중요합니다. 물론 그 과정 중에는 포기하고 싶을 때도 많고, 화가 날 때도 많을 것입니다(필자는 필자의 강아지에게 배뇨 훈련을 시키다가 너무 화가 나서 눈물이 났던 적도 있습니다). 누군가 '인내는 쓰고 열매는 달다'고 했던가요? 정답입니다. 참고, 반복해서 훈련하다 보면 어느 순간 내가 원하는 행동을 해주는 '예쁜 내 새끼'를 만날 수 있습니다.

자! 이제 훈련을 시작해 보세요. 처음부터 상주기 훈련을 적극 권장합니다만, 의심스러운 분들이나 "무슨 소리야! 개들은 혼내야 훈련이 되지!!"라고 생각하시는 분들은, 두 가지 방법을 다 해보시기 바랍니다. 어느 쪽이 더 효과적인지는 바로 알게 되실 거예요.^^

현장 적발! 잘못하는 걸 봤을 때 바로 혼내면 효과적이다?

"나쁜 행동을 할 때 바로 혼내면 효과적이다."는 얘기를 종종 듣습니다. "소변을 아무 데나 볼 때 바로 혼내야 된다"는 게 대표적이지요. 시간이 지나면 뭘 잘못했는지 모르지만, 현장 적발해서 바로 혼내면 효과가 있다는 것인데... 글쎄요, 현장 적발을 해서 혼내도 강아지가 왜 혼나는지 잘 모르거나, 아니면 아예 다르게 생각하는 경우가 더 많을 것입니다. 예를 들어 강아지가 소변을 아무 데나 보는 것을 적발해서 바로 혼낸다고 해도 그것이 화장실을 못 가려서 혼이 나는 건지, 소변 누는 것 자체에 혼이 나는 건지, 아니면 그냥 화를 내는 건지 잘 모릅니다. 그렇게 혼나던 아이들은 소변 누는 것 자체에 거부감이 생겨서 오줌을 계속 참다가 방광염에 걸리기도 합니다. 반대로, 칭찬받는 것은 확실히 압니다. 물론 칭찬할 때도 이랬다 저랬다 해서 강아지가 헷갈리게 하면 안 됩니다. 확실하게 주인이 원하는 행동을 했을 때, 정확한 타이밍에 칭찬을 해줘야 합니다. 이렇게 서너 번 반복하게 되면 강아지는 왜 칭찬받는지를 이해하게 되고, 이것이 혼나는 것에 대한 이해보다 훨씬 빠르고 정확합니다.

예방접종 및 구충 스케줄

예방접종, 꼭 해야 하나요?

네, 꼭 해야 합니다.

옛말에 '호미로 막을 것을 가래로 막는다'는 말이 있지요? 예방접종과 관련된 질환들은 대부분 접종을 하면 안 걸리지만, 걸리게 되면 치명적인 질환들입니다. 예방접종을 제대로 했으면 예방되었을 것인데, 그것을 하지 않아 걸리게 되면 강아지도 고생, 보호자분도 고생입니다.

예방접종은 전염병을 일으키는 질환들을 예방하기 위한 것입니다. 전염병을 일으키는 원인은 주로 세균, 진균(곰팡이), 바이러스 등이 있는데, 세균이나 진균은 항생제나 진균제를 사용해서 없앨 수 있지만, 바이러스는 몸에 항체가 있어야 없앨 수 있습니다. 따라서 바이러스에 감염되기 전에 최대한 항체를 많이 만들어 놓는 것이 중요한데요, 이렇게 항체를 만들기 위한 방법이 예방접종입니다.

특히, 홍역이나 파보 장염 같이 감염되면 생명이 위험해질 수 있는 질환들은 감염되기 전에 항체가를 올려놓는 것이 중요합니다. 항체가 높으면 바이러스에 감염되어도 항체가 바이러스를 없앨 수 있습니다. 따라서 병이 가볍게 지나가거나 무증상인 경우가 많습니다. 또 다른 개랑 접촉할 때 안심할 수 있습니다. 감염된 개와 접촉해도 항체가 높으면 전염될 가능성이 낮기 때문에 자유롭게 산책할 수 있습니다.

 애견에게 필요한 예방접종은?

▌종합 예방접종(DHPPL)

가장 기본이 되는 필수 접종은 홍역, 간염, 파보 장염, 파라인플루엔자, 렙토스피라의 항체를 만들기 위한 접종들입니다. 특히, 홍역과 파보 장염은 전염력이 높아 어린 강아지에게는 매우 위험합니다. 반드시 권장 기간과 횟수를 지켜서 접종해야 합니다.

종합 예방접종과 관련된 질환

- 홍역(Distemper) : Morbillivirus의 감염. 호흡기, 소화기, 신경계, 결막 등에 감염되어 관련 증상(발열, 기침, 콧물, 눈곱, 구토, 설사, 경련, 근육 떨림 등)이 나타남. 특히 신경계 감염인 경우 평생 후유증을 가질 수 있음. 공기와 분비물을 통해 감염됨. 감염이 쉽고, 치사율이 높음
- 간염(Hepatitis) : Adenovirus1의 감염. 소변, 대변, 침 등의 분비물에 의해 감염. 발열, 식욕 감소, 결막염, 콧물, 눈곱, 잇몸 충혈, 구토, 복통 등이 주 증상. 어린 강아지에서 파보 장염이나 홍역과 복합 감염 시 치사율 높음
- 파보 장염(Parvovirus enteritis) : Parvovirus의 소화기 감염. 구토, 설사, 혈변 등이 주 증상. 체격이 작은 어린 강아지의 경우 치사율이 높음
- 파라인플루엔자(Parainfluenza) : Parainfluenza virus의 호흡기 감염. 기침, 발열, 콧물, 식욕 감소 등이 주 증상. 치사율은 높지 않으나 공기 감염으로 쉽게 전염됨
- 렙토스피라(Leptospirosis) : Leptospira 세균 감염. 오염된 물이나 흙, 감염된 동물의 소변에 접촉 시 상처를 통해 감염. 무증상이거나 증상이 약하게 지나가는 경우도 있지만 발열, 떨림, 근육통, 무기력 등의 증상을 보이다가 간부전이나 신부전으로 발전하여 사망할 수 있음. 인수공통질환으로서 사람에게 옮길 수 있음

코로나 장염(Corona virus)

코로나 바이러스 장염을 예방하기 위한 접종입니다. 코로나 바이러스 장염은 치사율이 높지는 않습니다. 그러나 설사와 구토를 발생시켜 탈수를 유발하고, 파보 바이러스나 세균성 장염 등의 2차 감염을 유발할 수 있습니다.

전염성 기관지염(Kennel Cough)

'켄넬 코프'라고 불리는 기관지염입니다. 생명에 지장을 줄 만큼 위험하지는 않으나 기침, 가래와 같은 호흡기 증상을 유발하고, 지속되면 체력감소로 인한 2차 감염이 발생할 수 있습니다.

▌광견병(Rabies)

동물뿐만 아니라 사람에게도 옮길 수 있는 인수공통질환입니다. 사람이나 동물이 감염되면 치사율이 매우 높기 때문에 꼭 예방해야 합니다. 우리나라도 광견병 청정국가가 아니기 때문에 감염의 가능성이 있고, 예방접종으로 충분히 막을 수 있는 질환이기 때문에 필수적으로 접종해야 합니다. 다른 개를 물거나 다른 사람을 물었을 때도 광견병 접종 여부가 중요한 변수가 될 수 있습니다.

▌신종플루 접종

최근 들어 새로 발견된 인플루엔자 바이러스로 기침, 콧물, 열과 같은 일반적인 호흡기 증상이 나타납니다. 치사율이 높지는 않지만 전염력이 강하기 때문에 항체가 없는 개들은 쉽게 감염될 수 있습니다. 신종플루 접종은 대표적인 2개 형태의 바이러스 중 1개 바이러스에 해당하는 항체를 생성합니다. 다른 바이러스의 항체 생성 여부는 명확하지 않고 인플루엔자 바이러스는 쉽게 변이될 수 있기 때문에 필수 예방접종은 아닙니다. 그러나 사람들에서도 면역력이 약한 노령이나 어린 연령에서는 독감접종을 권하듯이, 노령견이나 어린 강아지에게 접종을 추천합니다.

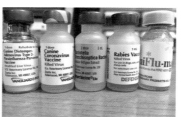

예방접종 : 애완견에게 필요한 다양한 백신들

Q. 강아지 전염병이 사람에게도 옮나요?

A. 강아지 전염병 중 사람에게 옮을 수 있다고 밝혀진 것은 광견병과 렙토스피라입니다. 나머지 홍역, 파보 장염, 간염 등의 전염병은 사람에게 감염되지 않습니다. 광견병은 사람과 동물에게 감염되면 상태가 심각할 수 있기 때문에 필수 접종에 들어갑니다. 정부에서도 적극 권장하고 있고요. 렙토스피라도 동물의 소변에 의해 사람에게 전염될 수 있으므로 야생동물의 소변에 접촉하거나, 소변에 오염이 의심되는 물 등은 만지지 않는 것이 좋습니다. 신종플루 같은 경우 현재까지는 사람에게 감염된 보고가 없으나, 인플루엔자 바이러스는 쉽게 변이할 수 있기 때문에 안심할 수는 없습니다.

Q. 나라에서 정하는 광견병 접종기간이 있나요?

A. 우리나라에서는 해마다 봄(4~5월)과 가을(9~10월)에 광견병 접종기간을 정하고 있고, 무료로 접종할 수가 있습니다. 정확한 기간은 해마다 조금씩 다를 수 있으니 동물병원이나 구청에 문의해서 확인해야 합니다.

기초 접종

생후 6~8주경부터 접종을 시작합니다. 이 시기에는 엄마로부터 받은 면역력이 떨어지기 시작하기 때문에 접종을 해서 항체를 늘려 줘야 합니다. 종합접종은 2주 간격으로 5차까지, 코로나 장염과 켄넬코프 기관지염은 2주 간격으로 2차까지, 광견병은 1회 접종하는 것이 기초 접종 스케줄입니다. 종합 접종 5차가 끝난 2주 후에는 항체가 검사를 통해 항체가 충분히 형성되어 있는지 확인하는 것이 좋습니다.

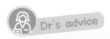올바른 예방접종 스케줄 알기!

	기초 접종							추가 접종
	1 차	2 차	3 차	4 차	5 차	6 차	7 차	
종합접종	✓	✓	✓	✓	✓			연 1회
코로나	✓	✓						연 1회
켄넬 코프			✓	✓				연 1회
광견병					✓			연 1회
항체가 검사					✓			선 택
신종플루						✓	✓	연 1회

※ 각 회차 사이 간격은 2주입니다. 동물병원마다 접종 스케줄에 약간 차이가 있을 수 있습니다.

Dr's advice

'항체가' 검사란?

'항체가' 검사는 접종 후에 항체가 충분히 형성되어 있는지 검사하는 것입니다. 가장 치명적일 수 있는 홍역, 파보 장염, 간염의 항체가를 키트를 이용해서 간단하게 검사할 수 있습니다. 검사상 항체가 충분히 형성되지 않았을 때는 접종을 1~2회 추가로 실시해야만 합니다.

대부분은 기초 접종 스케줄을 잘 따르면 충분한 항체가 형성되지만, 강아지에 따라 항체가 잘 형성되지 않는 경우도 있기 때문에 꼭 확인해 보는 것이 좋습니다. 실제로 접종을 다 했는데 전염병에 걸렸다는 경우를 간혹 볼 수 있는데, 십중팔구는 '항체가' 검사를 하지 않았습니다. 생명은 기계처럼 'A를 넣으면 B가 된다'는 공식이 100% 맞아 떨어지지가 않습니다. 기초 접종을 끝냈다고 모든 강아지가 안전한 것은 아니니 무조건 안심하지 마시고 '항체가' 검사로 확인해 보세요!

Q. 종합접종을 꼭 5차까지 다 맞춰야 하나요?

A. 현재 나와 있는 백신들은 5차까지 접종하는 것을 권장합니다. 대부분의 개들이 5차 접종을 했을 때 충분한 항체가 형성되기 때문입니다. 그러나 항체가 충분히 형성되는 시기는 강아지마다 차이가 있기 때문에 5차에도 형성되지 않는 경우가 있고, 3차만 해도 형성되는 경우가 있습니다. 이처럼 개체차를 모두 예상할 수는 없기 때문에 가장 보편적인 5차 접종을 권장하는 것입니다.

Q. 접종 스케줄을 놓쳤어요. 어떻게 하지요?

A. 기초 접종의 경우 접종 회차 사이 간격은 매우 중요합니다. 예방접종을 하게 되면 항체가 일시적으로 많아지지만, 곧 감소하게 됩니다. 완전히 감소하기 전에 다음 접종을 하여 다시 '항체가'를 높여주고, 이렇게 5회차까지 하게 되면 안정적으로 충분한 '항체가'를 유지할 수 있게 됩니다. 이러한 원리를 고려하여 정한 것이 접종 스케줄이고, 보통 2주 간격의 접종을 권장

애견 수첩

합니다. 그렇기 때문에 접종 간격을 어기게 되면 항체를 형성하는 효과가 떨어질 수밖에 없습니다. 2~3일 정도 지나치는 것은 괜찮지만 그 이상으로 놓치지 않도록 신경 써야 합니다. 애견수첩을 이용하여 다음 접종일을 기록해 두시거나, 병원에서 보내 주는 접종 안내 문자를 확인하는 것이 도움이 됩니다.

추가 접종

모든 예방접종은 기초 접종이 끝난 1년 후부터 추가 접종이 권장됩니다. 항체는 평생 유지되는 것이 아니라 보통 1년 정도 안정적으로 유지되기 때문입니다. 추가 접종은 1년에 1회 해주면 됩니다.

단, 강아지에 따라 항체가 수년간 유지되는 경우가 종종 있습니다. 종합 예방

접종의 경우 병원에서 간단히 '항체가'를 검사할 수 있기 때문에 추가 접종 전에 '항체가'를 먼저 검사해 보고, 항체가 충분하다면 추가 접종을 1년 후로 미룰 수 있습니다. 종합접종 이외에는 '항체가' 검사가 아직 보편적이지 않기 때문에 연 1회의 추가 접종을 하는 것이 좋습니다.

▌접종 부작용?!

예방접종은 병원체를 몸에 주입시켜 그에 대한 항체를 만들도록 도와주는 것입니다. 예방접종의 병원체는 질환을 야기할 수 없을 만큼 극히 소량이고 안전하지만 간혹 통증, 기력저하, 발열 등의 증상이 약하게 나타나기도 합니다. 이러한 증상은 접종 후 하루 이틀 사이에 나타나지만 대부분 미약하게 지나갑니다.

접종 부작용으로 부은 얼굴

문제가 되는 접종 부작용은 과민반응, 즉 알레르기입니다. 과민반응은 백신 안의 미생물, 첨가제, 미생물 배양 잔존물질 등으로 인해 유발될 수 있습니다. 보통 접종 직후에서 2일 이내에 나타나고, 얼굴 부종, 두드러기, 구토 등이 나타날 수 있으며, 심한 경우 쇼크가 오기도 합니다. 2005년의 연구에 따르면 500마리당 1마리 꼴로 백신 부작용이 나타났으며, 대부분 접종 당일에 나타났다고 합니다.

접종 부작용 증상이 관찰될 경우 바로 수의사에게 연락하거나, 동물병원에 데려가는 것이 좋습니다. 접종 부작용 증상은 항알레르기 주사를 통해 가라앉힐 수 있습니다.

1. 예방접종 시 주의사항

- 접종은 컨디션이 제일 좋을 때 해야 합니다. 접종 전에 강아지의 컨디션에 대해 수의사와 충분한 상담이 필요합니다.
- 접종 전후로 2~3일 이내에는 목욕을 시키거나 스트레스를 주지 마세요. 특히 어린 강아지는 스트레스로 인해 면역력이 감소되어 부작용이 나타날 가능성이 높습니다.
- 접종 과민반응이 나타난 경우에는 바로 병원에 연락해 주세요.
- 접종 과민반응이나 부작용이 심각했던 아이들은 앞으로 해당 접종을 못할 수 있습니다. 반드시 접종 전에 수의사와 상담해 주세요.
- 한 번에 너무 많은 수의 접종을 하게 되면 부작용 발생이 증가합니다. 수의사와 상의해서 적절하게 나눠 접종하세요(보통 한 번에 2가지의 접종을 실시합니다).
- 이전에 접종 부작용이 없었다고 하더라도 이번에 갑자기 나타날 수 있습니다. 증상이 나타나는지 항상 잘 관찰해 주세요.

2. 자가 백신?

최근 비용상의 부담이나 동물 약국의 증가로 백신을 구입해서 직접 주사하는 경우가 종종 있습니다. 아무 문제가 생기지 않는다면 다행이지만, 문제가 생길 경우 치명적일 수 있습니다. 접종할 때는 강아지의 컨디션을 정확히 파악하고 적절하게 보관된 백신을 안전한 부위에 올바른 방법으로 주사하는 것이 중요합니다. 또 그에 못지않게 중요한 것이 접종 후에 부작용 여부를 관찰하고 치료하는 것입니다.

하지만 자가 백신의 경우에는 이러한 요소들이 잘 지켜지지 않는 경우가 많습니다. 예를 들어 강아지가 열이 나고 콧물이 나는 등의 증상을 알지 못하고 접종한다면 접종 부작용이 치명적일 수 있습니다. 또한 주사 방법과 위치를 잘못 배운 경우, 주사 부위에 염증이 발생하는 일이 종종 있습니다. 안타깝게도 자가 백신으로 인한 문제가 발생한 경우 백신을 구입한 곳에서는 책임지지 않는 경우가 대부분입니다. 더 위험한 것은 백신 부작용에 대한 충분한 설명이 없는 경우가 많기 때문에 부작용을 알아채지 못할 수가 있습니다. 자가 백신을 해야 할 경우에는 이러한 문제점들을 충분히 숙지해야 합니다.

애완견에게 발생하는 기생충 질환들

🐶 애견에게 발생하는 기생충은?!!

애견은 피부, 눈, 귀와 같은 신체 외부와 심장, 소화기와 같은 신체 내부 모두에 기생충이 감염됩니다. 주로 발생하는 기생충 질환은 다음과 같습니다.

▌귀 진드기

귀에 사는 진드기. 귀 진드기가 있는 다른 개와 접촉 시 감염. 갈색 왁스 같은 귀 분비물이 많이 생기고, 심하게 가려워합니다.

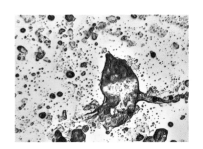

현미경으로 관찰한 귀 진드기

▌안 충

결막에 사는 기생충. 산 초파리에 의해 감염됨. 눈이 충혈되고 심해지면 눈을 잘 뜨지 못하기도 합니다.

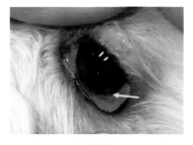

안충

개선충 · 모낭충

피부에 사는 기생충. 감염된 강아지에게 접촉에 의해 전염될 수 있습니다. 잠복해 있다가 면역력이 떨어졌을 때 발병하기도 합니다. 심한 소양감, 각질, 탈모 등이 주 증상. 사람에게 감염될 수 있습니다.

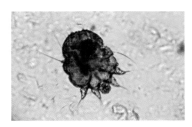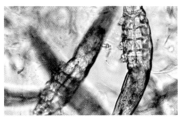

현미경으로 관찰한 개선충(좌)과 모낭충(우)

심장사상충

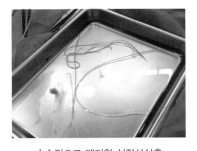

심장에 사는 기생충. 모기에 물릴 경우 감염. 초기에는 증상이 없지만 진행될수록 심장과 혈관이 막혀 사망합니다.

수술적으로 제거한 심장사상충

소화기 기생충

회충, 편충, 십이지장충, 촌충, 콕시듐 등. 주로 충란을 섭식함으로써 감염. 설사, 구토, 식욕 및 체중 감소 등이 나타납니다. 사람에게 감염될 수 있습니다.

소화기 기생충 – 회충

피부 벼룩, 진드기

야외 활동 후 감염. 물린 자리에 피부염증과 가려움증이 발생합니다.

피부진드기

🐶 올바른 구충 방법

기생충은 정기적인 구충 관리만 해준다면 100% 예방이 가능합니다. 구충 방법은 대상에 따라 위장관 내 기생충, 외부 기생충(벼룩, 진드기, 피부 기생충), 심장사상충으로 크게 나눌 수 있습니다.

┃ 내부 기생충

위장관 내 기생충을 예방 또는 치료하는 방법으로서 경구로 구충제를 먹입니다.

┃ 외부 기생충

피부나 귀에 있는 기생충을 예방 또는 치료하는 방법으로서 몸에 바르거나 주사합니다.

┃ 심장사상충

심장사상충 예방약은 종류별로 다양한데, 몸에 바르거나 먹이는 약이 가장 많이 사용됩니다.

구충 스케줄 중에서 가장 중요한 것은 심장사상충입니다. 심장사상충의 구충은 한 달에 1번씩 실시합니다. 기타 내·외부 기생충의 구충은 반려동물의 상태에 따라 수의사와 상의하여 선택합니다.

🐶 심장사상충에 대해 알아볼까요?

많이들 아시는 것처럼 심장사상충은 모기가 옮기는 질병입니다. 모기가 강아지를 물 때 모기 안에 있던 심장사상충의 유충이 강아지 몸속으로 들어가게 됩니다. 그 후 45~70일이 지나면 성충으로 자라나게 되지요. 성충은 주로 심장과 그 주위 대혈관에 기생하는데, 이는 혈액순환을 방해하고 심장기능에 문제를 일으킴으로써 강아지를 사망에 이르게 합니다.

▌심장사상충 예방을 꼭 해야 하는 이유!

- 예방을 안 할 경우 쉽게 걸릴 수 있지만, 예방을 하면 그 효과가 매우 좋습니다.
- 감염되면 치명적입니다. 심한 감염일 경우 치료가 어려울 수 있으며, 최악의 경우 죽을 수도 있습니다.
- 감염 초기에는 증상이 명확하지 않아서 발견하기 어렵습니다. 즉, 대부분 심한 감염으로 진행된 후 병원에 가게 됩니다.
- 감염된 경우 치료비용이 많이 듭니다.
- 여러 마리의 반려동물을 키우는 경우 한 마리라도 감염되면 모기를 통해 다른 동물들에게 쉽게 전파됩니다.

위와 같은 이유로 심장사상충 예방은 꼭 해줘야 합니다. 특히 우리나라는 심장사상충 발생률이 높기 때문에 더욱 신경 써야 합니다. 심장사상충의 구충 스케줄이나 방법은 구충약의 종류에 따라 다양합니다. 먹거나 바르는 방법이 가장 보편적이며, 대부분 한 달에 1회 투여를 권장합니다.

- **심장사상충 예방은 한 달에 1회씩!**

  진료를 하다 보면 심장사상충 구충을 꼭 매달 해줘야 되냐고 묻는 분들을 종종 만나게 됩니다. 병원의 상술로 너무 자주 하는 거 아니냐고 묻는 분들도 계시지요. 위에 설명한 것처럼 심장사상충은 유충이 몸속으로 들어와서 성충으로 자라기까지 짧게는 40여일 밖에 걸리지 않습니다. 또 심장사상충 예방약은 성충은 죽일 수 없기에, 결국 유충이 성충으로 자라나기 전에 구충을 해주어야 합니다. 이미 성충으로 자라난 후에는 아무리 예방약을 투여해도 효과가 없습니다(성충을 죽일 수 있는 더 독한 치료제를 투여해야 합니다). 따라서 구충을 한 지 40여일이 되기 전에 주기적인 투여로 혹시 있을 유충을 없애줘야 하기에 월 1회 투여를 권장하게 되는 것입니다.

  가장 보편적으로 사용하는 예방약은 월 1회 투여를 권장하지만 최근에는 약 종류에 따라 투여기간이 긴 경우도 있습니다. 각각의 약의 장·단점을 고려하여 그 약에 명시된 투여 간격을 지켜주는 것이 가장 좋은 방법입니다.

- **심장사상충 예방은 몇 월부터 몇 월까지?**

  보통 모기가 있는 3~4월부터 10~11월까지 예방을 권장합니다. 그러나 심장사상충이 많이 발생하는 외곽지역이나, 겨울철에도 모기가 발견되는 온습한 지역에서는 일 년 내내 예방약을 먹이기도 합니다. 이런 생활환경을 고려하여 수의사와 상담하는 것이 좋습니다.

- **언제부터 심장사상충 예방을 시작해야 하나?**

  첫 접종이 시작되는 생후 8주령부터 시작하는 것이 좋습니다. 이 시기에 시작할 경우에는 검사 없이 바로 시작해도 됩니다. 그러나 이미 생후 5개월령 이상 지나고 난 후에 예방을 시작하게 되면 이미 유충이 감염되어 성충으로 자라났을 가능성이 있으므로 검사를 한 후에 예방약을 투여해야 합니다.

- **다른 구충도 같이 해야 할까?**

  심장사상충 예방약은 구충제 중에서도 가장 약효가 강한 구충제에 해당합니다. 따라서 대부분의 다른 내·외부 기생충 예방에도 일정 부분 효과가 있습니다. 그러나 이미 다른 기생충 감염이 심한 경우에는 효과가 부족할 수 있으므로 추가적으로 내·외부 기생충 약을 투여해야 합니다.

- **주의해야 할 품종**

  심장사상충 예방약 성분 중 하나인 아이버멕틴(ivermectin)에 부작용을 보이는 품종들이 있습니다. 대표적인 품종이 콜리, 셔틀랜드 쉽독, 오스트레일리안 쉐퍼드, 저먼 쉐퍼드 등입니다. 이 품종들은 유전자 변이로 인하여 경련과 같은 신경증상이 나타날 수 있습니다. 해당 품종의 보호자분들은 꼭 수의사와 상담하에 투여량을 결정하거나 다른 종류의 약으로 예방하는 것이 좋습니다.

심장사상충의 초기 증상은 명확하지 않습니다. 대부분 중감염 이상으로 발전해야 증상이 나타나게 됩니다. 처음에는 기침, 헉헉거림, 잘 움직이지 않음 등의 증상이 나타나다가 심해지게 되면 청색증, 복수 등이 나타나기도 합니다. 심장사상충의 치료는 성충을 죽일 수 있는 약을 주사하는 것입니다. 그러나 성충이 갑자기 죽으면 대혈관을 막거나, 혈전 등이 발생할 위험이 높기 때문에 단계적으로 적용해야 합니다. 또한 이런 부작용을 줄일 수 있는 다른 치료도 병행해야 합니다. 심장사상충이 혈관 안에 너무 많은 경우에는 외과적으로 일부를 제거해 주기도 합니다. 그러나 어떤 방법이든지 상당한 위험부담이 따르고, 급사할 가능성도 높기 때문에 수의사와 충분한 상담이 필요합니다. 무엇보다 중요한 것은 걸리기 전에 예방하는 것입니다.

Q. 심장사상충 예방약이 위험한가요?

A. 심장사상충 예방약을 꾸준히 먹이는 것이 반려동물의 몸에 더 좋지 않을 수 있다는 의견이 있습니다. 또 예방약 대신 민간요법을 실시하거나, 주기적으로 심장사상충 감염 여부를 검사하는 것이 더 낫다는 의견들도 있습니다. 이런 의견은 우리나라뿐 아니라 해외에서도 종종 나오고 있습니다. 아무래도 인공적으로 합성한 약을 지속적으로 복용해야 한다는 부분이 께름칙한 부분이 있을 것입니다.

하지만 안타깝게도 심장사상충 예방약을 오래 먹이는 것이 위험한지에 대해서는 아직 정답은 없습니다. 오랜 기간 추적 검사한 데이터도 아직 부족하고요.

보편적으로 사용하고 있는 심장사상충 예방약은 대부분의 품종에 안정성이 입증되었고, 부작용이 보고되는 경우도 거의 없습니다. 하지만 장기적인 복용에 대한 안정성을 검증하기는 거의 불가능할 것으로 여겨집니다. 노령이 되었을 때 나타나는 질환들이 심장사상충 예방약과 관련이 있는 것인지를 입증하기가 불가능하기 때문입니다. 따라서 장기적인 안정성에 대한 문제는 보호자의 주관적인 선택에 따를 수밖에 없습니다. 단지, 확실히 말씀드릴 수 있는 것은 첫째 심장사상충 예방약의 위험도보다는 걸렸을 때 치료에 따른 위험도가 훨씬 높다. 둘째 심장사상충 검사를 주기적으로 한다고 해도 너무 늦게 발견할 수 있다. 일 년에 한 번 검사를 해서는 이미 성충이 다 자라고 상당히 진행되었을 때 발견할 가능성이 높다는 것입니다. 이러한 점들을 고려했을 때 아직까지는 규칙적인 예방이 가장 최선의 길이라고 생각합니다.

Q. 고양이도 심장사상충에 감염되나요?

A. 강아지와 마찬가지로 고양이도 심장사상충에 감염될 수 있으며, 걸리면 강아지보다 더 위험합니다. 심장사상충이 한 마리만 존재해도 고양이는 쇼크사를 할 정도로 거부반응이 심합니다. 치료도 강아지보다 더 어렵고 결과도 안 좋기 때문에 치료를 권하지 않는 경우도 있습니다. 이것이 고양이도 정기적인 예방을 해야 하는 이유입니다.

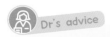

대부분의 기생충은 모견으로부터 감염된다!

장내 기생충, 피부 모낭충, 심장사상충 등 대부분의 기생충들은 모견이 감염되면 자견들도 감염되는 경우가 많습니다. 임신 중 태반을 통해서도 전파가 가능하고, 출생 후 모견과 함께 지내면서도 감염되지요. 특히 농장같이 지저분한 환경에서 대량 사육되는 경우 자견들은 온갖 기생충에 감염될 가능성이 높습니다. 따라서 자견들에게도 철저한 구충이 필요합니다.

사람에게 옮길 수 있는 기생충

사람이 반려동물 때문에 기생충 감염이 되는 경우는 거의 없습니다. 그러나 이론상으로는 반려동물로부터 옮을 수 있는 기생충이 몇 가지 있습니다. 장내 기생충의 경우 감염된 반려동물의 변을 만지고 손을 제대로 씻지 않고 입을 만지는 경우 감염될 수 있습니다. 개선충이나 모낭충은 직접적으로 감염되는 경우는 드물지만, 예민한 사람은 피부 가려움증이나 발적 등이 나타날 수 있습니다. 진드기와 벼룩은 감염이 된 후 2차 질환이 유발될 수 있습니다. 심장사상충이 사람에게도 감염될 수 있다는 보고는 있으나, 감염된다 하더라도 큰 증상 없이 지나가기 때문에 걱정하실 부분은 아닙니다. 결론적으로, 흔한 일은 아니지만 감염이 될 가능성은 있으므로 반려동물의 구충을 철저히 해주는 게 중요합니다. 특히 어린아이들과 같이 키우는 가정에서는 더욱 신경 써서 해주는 것이 좋습니다.

중성화 수술에 대해 알아보기

🐶 중성화 수술, 꼭 필요할까?

"중성화를 꼭 시켜야 하나요?"라고 묻는 보호자를 종종 만납니다. 제 대답은 한결같습니다.

남자아이라면 "예!"

여자아이라면 "출산 계획이 있으신가요? 없다면 꼭 하셔야 합니다!"

간혹, '중성화 수술은 필요도 없는데 돈 벌려고 권하는 거 아니냐!' 하는 의혹의 눈초리를 받는 경우가 있습니다. 실제로 수의사의 반려동물은 99% 이상 중성화 수술이 되어 있습니다. 단순히 돈을 위해서라면 돈이 되지 않는 자기 아이들을 중성화시키지는 않겠지요. 단언컨대, 중성화 수술은 동물병원을 위해서도, 보호자를 위해서도 아닙니다. 반려동물의 건강과 스트레스를 줄여주기 위해 꼭 필요한 수술입니다.

그렇다면 왜 중성화 수술이 꼭 필요한지 하나씩 알아보겠습니다.

| 행동학적 측면 |

공격성, 난폭함 감소	Mounting 행동(소위 "붕가붕가"라고 합니다) 감소	가출 예방	영역표시 예방

이런 행동학적 문제들은 남자아이들에게서 주로 나타납니다. 따라서 남자아이들을 중성화시켰을 때 좋은 효과를 볼 수 있습니다.

| 질환의 예방

중성화하지 않을 경우에는 다음과 같은 질환이 발생할 우려가 높습니다.

- **피부질환**

  성 호르몬이 면역능력을 저하시키기 때문에 모낭충, 말라세지아와 같은 피부질환에 걸릴 가능성이 높아집니다.

- **탈 장**

  성호르몬의 영향으로 근육이 약해져 회음부 탈장, 서혜부 탈장 같은 탈장 질환이 발생할 가능성이 높아집니다.

- **수컷 생식기 관련 질환**
  - 고환종양, 전립선 염증 및 종양이 발생할 가능성이 높아집니다. 특히 잠복고환의 경우 중성화 수술을 하지 않으면 2~9세 사이에 고환암으로 발전될 확률이 매우 높습니다.
  - 포피 염증이 발생할 가능성이 높습니다.
  - 해소되지 않는 성욕으로 인한 스트레스가 높습니다.
  - 항문 주위샘이나 꼬리샘이 증식하여 분비물이나 냄새가 심해집니다. 또한 항문 주위에 선종이 발생할 가능성이 높습니다.

항문 주위 선종 : 항문 주위 꼬리 아래에 발생한 종양

- **암컷 생식기 관련 질환**
  - 상상임신, 임신과 관련된 증상이 발생할 수 있습니다.
  - 연 2회 생리 시 생리대 착용과 청결 및 소독 등 철저한 위생관리가 필요합니다. 위생적이지 않을 경우 질이나 자궁 등에 염증이 발생할 수 있습니다.
  - 노년기에 자궁축농증, 자궁 종양과 같은 치명적인 질환이 발생할 가능성이 높습니다.

자궁축농증 : 피고름으로 가득 찬 자궁

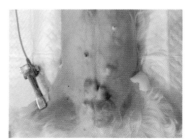

유선종양 : 유선에 발생한 종양

– 유선종양 발생률이 증가합니다. 실제로 첫 생리 이전 중성화 수술 시 유선종양이 99% 예방되며, 3번째 발정까지 수술 시 74%까지 예방됩니다.
– Estrogen 호르몬 분비 과다로 인한 피부병이 발생할 수 있습니다.

위와 같은 질환들은 중성화 수술을 통해 상당 부분 예방할 수 있습니다. 물론 중성화 수술에 따른 비용이나 마취의 부담 등 단점도 있습니다. 하지만 득실을 따져 봤을 때 우리 아이들의 건강에 득이 되는 부분이 훨씬 크기 때문에 망설임 없이 권해 드리는 것입니다.

적절한 중성화 수술 시기와 방법은?

중성화 수술의 시기 또한 중요합니다. 이왕 할 거라면 적절한 시기에 해주는 것이 가장 효과적입니다.

BEST 타이밍!

- 암컷 중성화의 경우 첫 생리 직전, 보통 6~10개월령에 실시
- 수컷 중성화의 경우 행동학적 문제(붕가붕가, 다리 들고 오줌 싸기-영역표시)가 나타나기 이전인 생후 4~5개월령에 실시

너무 빨리 중성화 수술을 시킬 경우 암컷은 성 호르몬의 부족으로 성장판이 늦게 닫힐 수 있습니다. 다리가 얇고 길어질 수 있으며, 뼈가 약해질 수 있습니다. 수컷은 요도가 좁아질 수 있습니다.

너무 늦게 중성화 수술을 시킬 경우 암컷의 유선종양의 예방률이 현저히 감소합니다. 붕가붕가나 영역표시 등의 행동학적 문제가 개선되지 않을 수 있으며, 노령견의 경우 마취의 위험 부담이 증가합니다.

▎중성화 수술 방법

암컷 중성화 수술 방법은 개복하여 난소와 자궁을 제거합니다.
수컷 중성화 수술 방법은 음낭 앞쪽 피부를 절개하여 고환을 제거합니다. 고환이 음낭에 있지 않고 복강이나 피하에 있는 것을 잠복고환이라 하는데, 이 경우 피하나 복강을 추가 절개하여 제거합니다.

🐶 중성화 수술 후, 주의할 점!

▎살이 찐다?!

실제로 중성화 수술 후에 살이 찌는 아이들이 많이 있습니다. 이유는 성욕이 감소되어 스트레스가 줄었기 때문이기도 하고, 실제로 대사량도 줄기 때문에 같은 정도로 밥을 먹어도 살이 찔 수가 있습니다. 고칼로리 간식을 줄이고, 급여량을 정확히 계산해 주는 것이 좋습니다. 그래도 살이 찔 경우에는 칼로리가 낮은 다이어트 사료로 바꾸는 것도 도움이 될 수 있습니다. 무엇보다 중요한 것은 운동량을 늘려 주는 것입니다. 산책시간이나 횟수를 늘리고, 좋아하는 장난감 등을 통해 더 많은 시간을 놀게 해줄 필요가 있습니다.

▎배뇨실금이 생긴다?!

흔한 일은 아니지만 중성화한 암컷에게서 배뇨실금이 나타나는 경우가 있습니다. 주로 대형견에서 보고됩니다. 이유에 대해서는 아직 논란의 여지가 있지만, 여성 호르몬이 감소되면서 요도 수축이 잘 일어나지 않기 때문이라는 의견이 많습니다. 드물게 발생하고, 보통은 시간이 지나면서 좋아지기 때문에 크게 신경 쓰지 않아도 됩니다. 그러나 매우 드물게 배뇨실금이 지속되는 경우에는 호르몬이나 기타 약물치료가 필요할 수도 있습니다.

? 질문 있어요!

Q. 우리 아이는 중성화 수술을 했는데도, 붕가붕가 행동이 좋아지지 않아요. 어떡해야 하나요?

A. 위에 말씀 드린 것처럼 이미 붕가붕가에 익숙해져 있을 경우에는 중성화를 해도 개선되지 않을 수가 있습니다. 붕가붕가를 처음 할 때에는 남성 호르몬의 문제이지만, 시간이 오래 지나 학습화되어 버리면 행동학적 문제로 접근해야 합니다. 자세한 내용은 328p. 「3. 몸이 아니라 마음이 아파요 – '붕가붕가'가 너무 심해요」를 참고해주세요.

같이 살아가기 & 기본 관리 방법

 용변 훈련

화장실을 가리게 하는 것은 같이 살아가기 위해 가장 중요한 훈련입니다. 아무 데나 용변을 보는 문제는 '과연 같이 살 수 있을까?' 하는 생각이 들 정도로 보호자에게 큰 스트레스가 됩니다. 뭐든지 첫술에 배부를 수는 없는 법! 몇 번 시도했다고 포기하지 마시고, 꾸준히 인내심을 가지고 반복 훈련을 하면 결국에는 용변을 잘 가리는 예쁜 우리 아이를 만날 수 있을 거예요.

| 펜스 훈련 방법

1. 펜스 안에 강아지를 넣어 두고 방석과 밥그릇, 물그릇 이외의 공간에는 패드를 전부 깔아 주세요.

2. 패드 위에 소변을 보는 것이 확인되면 패드를 조금씩 줄여 나갑니다.
3. 마지막으로 패드 1장만 남기고, 그곳에 소변을 반복적으로 보게 되면 훈련 종료!

▌집에서 자연스럽게 훈련시키기

1. 용변 보기를 원하는 곳에 패드를 모두 깔아 주세요.
2. 대부분의 대소변은 식후, 잠자고 일어나서 보게 됩니다. 주변을 빙글빙글 도는 행동을 보일 때 패드 위에 강아지를 올려두세요(패드에 소변을 조금 묻혀 놓는 것도 도움이 됩니다).
3. 패드 위에 용변을 보면 좋아하는 간식을 주면서 마구마구 칭찬해 주세요. 반대로 원하지 않는 곳에 용변을 보면 바로 치워 주고, 냄새가 배지 않도록 탈취제를 뿌려 닦아 줍니다(칭찬은 바로바로 해줘야 합니다. 왜 칭찬받는 지 알 수 있게요).
4. 원하지 않는 곳에 반복적으로 용변을 보면 상자나 펜스 등으로 가지 못하 도록 막아 주는 것도 방법입니다.
5. 용변을 패드에 잘 보게 되면 패드를 점차 줄여 나가면서 원하는 곳으로 조 금씩 옮기면서 유도하면 됩니다.

1. 펜스 훈련은 주로 어린 강아지에게, 자연스러운 훈련은 성견에게 효과적입니다. 용변 패턴이 잡히지 않은 어린 강아지들은 어디든 패드가 깔려 있는 펜스 훈련으로 패드를 익숙하게 한 후에 패드를 줄여 나가는 것이 효과적입니다. 반대로, 이미 용변 패턴이 잡힌 성견들은 용변 패턴(식후 용변, 자고 난 후 용변 등)을 파악한 후 패드에 올려놓는 방법이 효과적이랍니다.

2. 소변 묻은 패드는 바로 치우지 마세요. 후각이 예민하기 때문에 용변 냄새가 나는 곳에 계속 용변을 보려는 습성이 있습니다. 소변 묻은 패드를 남겨 두거나, 새 패드에 소변을 묻히는 등의 방법으로 용변 장소에 냄새를 배이게 하는 것이 효과적입니다.

3. 패드를 싫어한다면? 간혹 패드나 배변판 자체를 싫어하거나 무서워하는 아이들이 있습니다. 이럴 경우에는 패드를 대체할 수 있는 것을 찾거나(예) 화장실 타일에서 직접 용변을 보도록 훈련 또는 신문지 사용 등), 패드를 좋아하도록 유도하는 방법이 있습니다. 반복적으로 패드 위에 간식을 두거나, 패드 위에 강아지를 올려놓고 간식을 줌으로써 패드를 좋아하게 만드는 훈련이 먼저 필요합니다.

목욕시키기

강아지와 지낼 때 목욕은 아주 중요한 행사입니다. 건강을 위해 정기적인 목욕은 꼭 필요하지만, 잘못된 방식의 목욕은 오히려 건강을 해칠 수 있습니다. 그럼 올바른 목욕 방법에 대해 알아볼까요?

▌목욕 횟수

강아지들은 몸에서 땀이 나지 않기 때문에 매일 목욕을 할 필요는 없습니다. 하지만 외부로부터 더러운 것이 묻거나 오염될 수 있기 때문에 정기적인 목욕은 필수입니다. 보통 피부가 건강한 아이들의 경우 1~2주에 1회 목욕시키는 것을 권장합니다. 다만, 피부병이 있거나 피부가 기름진 경우에는 주기를 짧게 3일에 1회 목욕시켜야 할 수도 있습니다.

▌목욕 방법

1. 따뜻한 물로 얼굴을 제외한 몸과 다리의 털을 충분히 적셔 줍니다.
2. 눈곱이나 더러운 것들이 붙어 있는 것을 떼어 주고, 항문낭을 짜 줍니다.
3. 강아지 전용 샴푸(품종, 털과 피부 상태에 따라 선택)를 사용해서 거품을 내어 마사지 하듯이 부드럽게 문질러 줍니다. 단, 박박 문지르지 않습니다. 피부에 상처가 나서 피부병의 원인이 될 수 있습니다. 발가락 사이는 땀이 나고 쉽게 오염되는 부위이므로 특히 깨끗하게 닦아 주세요.

4. 몸과 다리를 충분히 헹궈 줍니다.
5. 몸이 끝났으면 얼굴 부분을 씻겨 줍니다. 귀에 물이 들어갈 수 있으니 귀에 솜을 말아 넣은 후 얼굴을 씻깁니다. 이때 솜이 너무 작지 않게 주의! 너무 작으면 귓속으로 들어가서 꺼내기가 어려울 수 있습니다.

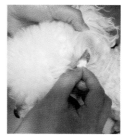

6. 얼굴을 헹군 후 타월로 닦아 주고, 드라이어기로 완전히 말려 줍니다. 털은 꼭 완전히 말려 줘야 합니다. 제대로 말려주지 않을

경우 피부병의 원인이 될 수 있습니다. 특히 발가락 사이 부분에 습기가 있을 경우 피부염이 되기 쉬우니 꼼꼼히 말려 주세요.

7. 말려 줄 때는 빗을 이용해 털의 반대방향으로 빗어 주면서 말려 주는 것이 좋습니다. 이렇게 하면 털이 금방 마르고, 풍성해집니다.

8. 다 말린 후에는 눈과 귀를 세정제로 닦아서 털이나 물기가 남아 있지 않게 해줘야 합니다.

! 잘못된 상식!

강아지들은 목욕을 싫어한다?!

강아지들은 목욕을 싫어한다는 말을 들어본 적이 있을 겁니다. 목욕만 시키려고 하면 으르렁대는 아이, 뛰쳐나가는 아이, 난리 블루스(?)를 쳐 목욕탕을 난장판으로 만드는 아이 등 목욕 공포증을 가진 아이들을 종종 볼 수가 있지요. 하지만 강아지는 본능적으로 물을 좋아하는 동물입니다. 수영도 할 줄 알아서(일명 "개헤엄"이라는 말도 있지요) 익숙해지면 물 만난 고기처럼 수영을 즐기는 아이도 많습니다. 목욕을 싫어하는 아이 중 열에 아홉은 물이 싫다기보다는 목욕이라는 행동에서 스트레스를 받기 때문입니다. 이전 목욕에 대한 경험이 즐겁지 않다 보니까 점점 더 싫어하게 되는 것이지요. 그런 아이들은 목욕에 대한 즐거운 경험을 심어 주는 것이 중요합니다. 실제로 집에서 힘으로 제어해 가며 씻기던 아이들이 애견 스파를 이용할 때는 편하게 즐기까지 하면서 물을 즐기는 경우가 있습니다. 우리 강아지가 목욕을 너무 싫어한다면? 목욕하는 과정에 문제가 있는지 확인해 보고, 스트레스를 덜 받을 수 있게 개선시켜 주는 것이 도움이 될 것입니다.

강아지 냄새의 주범 중 하나가 귀에서 나는 냄새입니다. 귀는 끊임없이 분비물을 만들어 내기 때문에 정기적으로 닦아 주는 것이 좋습니다. 특히 여름 같이 습한 계절은 잠깐 방심하면 귓병이 잘 생기게 되지요. 귓병은 생기면 계속 재발되기 때문에 정기적인 귀 청소로 최대한 예방하는 것이 좋습니다.

귓병이 없는 경우 1~2주에 1회 닦아 주면 충분합니다. 보통 목욕 주기에 맞춰서 목욕 후에 닦아 주는 것이 좋습니다. 귓병이 있는 경우는 수의사와 상담하에 귀 청소 횟수를 결정해야 합니다.

귀 세정액 선택하기

시중에 나와 있는 강아지 귀 전용 세정액을 사용해야 합니다. 전용 세정액은 동물에게 자극이 적고, 휘발성이기 때문에 효과적으로 귀 청소를 할 수 있습니다. 귓병이 있는 경우에 수의사와 상담하에 세정액을 선택해야 합니다. 소독이나 항생 효과가 추가로 필요할 수 있습니다.

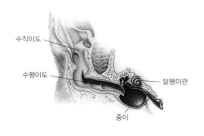

개의 'ㄴ'자형 귀 구조

귀 구조 알기

강아지 귀의 구조는 사람과 다릅니다. 사람은 ㅡ자형 구조인데 반해, 강아지는 ㄴ자형 구조를 가지고 있습니다. 이러한 구조는 환기가 잘 되지 않고, 분비물 배출이 잘 안 되기 때문에 귓병에 쉽게 걸립니다.

| 귀 청소하기

면봉을 귓속으로 밀어 넣어 닦는 것은 나쁜 방법입니다. ㄴ자 구조이기 때문에 면봉을 밀어 넣어도 수평이도까지 닦을 수 없습니다. 또한 면봉이 이도상피에 상처를 낼 경우 오히려 귓병을 심하게 할 수 있습니다. 미숙한 경우 면봉의 솜 부분이 귀 안에서 빠져 결국 병원에 오는 경우도 종종 있습니다.

올바른 귀 청소 방법은 아래와 같습니다.

1. 귀에 5ml 정도의 세정액을 넣어 주세요. 정확한 양을 모르겠으면 귀 안에서 세정액이 찰랑찰랑하게 찰 정도로 넣어주세요.
2. 필요할 경우 귓구멍을 솜으로 막아 주세요. 강아지가 귀청소 중 머리를 흔들어서 세정액이 빠져나오는 것을 방지할 수 있습니다.

3. 귀 마사지를 해주세요. 귓바퀴 아래쪽에 만져지는 원뿔형의 외이도 연골을 주물러 주세요. 귀 안의 분비물을 세정액으로 녹이고 씻기는 역할입니다. 효과적인 귀 청소를 위해 5분 정도 귀 안에 세정액이 머무를 수 있도록 해주세요.

4. 마사지 후 귓구멍을 막은 솜이 있다면 제거하고, 귀 안에 남아 있는 세정액을 제거하기 위해 강아지가 머리를 흔들도록 해주세요. 보통은 스스로 흔들

어 털지만, 잘 안 털 경우 귓바퀴를 건드리거나 귀 안에 바람을 불어 주면 머리를 잘 흔듭니다. 충분히 세정액이 털어져 나오도록 3~4회 반복합니다.

5. 부드러운 솜이나 면봉을 사용하여 귓바퀴 주름 사이의 분비물을 닦아 주세요. 절대 면봉을 귀 안으로 넣으면 안 됩니다.

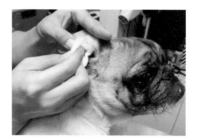

정기적인 귀 청소를 하면 귀의 이상을 조기에 발견할 수 있습니다. 귀 분비물이 심해지거나, 털이 많거나, 냄새가 심할 경우 병원에 내원하여 검사받는 것이 좋습니다.

🐶 이빨 닦기

강한 이빨을 유지하는 것은 매우 중요합니다. 이빨 관리가 잘 안 될 경우 첫째, 입 냄새가 끝내줍니다. 둘째, 치석과 치주염이 발생합니다. 심할 경우 이빨이 빠지거나 제대로 음식을 못 씹을 수도 있습니다. 마지막으로 잇몸 염증이 심해져 세균으로 인한 심내막염, 패혈증 등 전신염증이 발생할 수 있습니다. 그렇다면 건강한 이빨을 유지하기 위한 가장 좋은 방법은 무엇일까요? 바로 양치질입니다. 양치질은 건치를 유지하는 데 가장 기본이면서도 가장 효과적인 방법입니다. 대부분의 보호자분들이 양치질의 중요성은 알지만, 제대로 된 방법을 몰라서 또는 바쁘거나 강아지가 너무 싫어해서 못 하는 경우가 많습니다. 지금부터 양치질에 대해 하나씩 알아보겠습니다.

▎양치질을 시작하기 전에 알아둘 것!

1. 양치질은 20초를 넘기지 말라!

시작부터 너무 철저하게 하려고 하면 보호자와 강아지 모두 지치게 됩니다. 강아지들은 20초 이상 양치질을 견디기 힘들어 합니다. 너무 완벽하게 하려고 하지 말고, 20초 이내에서 마무리해 주세요.

2. 양치질은 어릴 때부터! 하루 한 번!

양치질은 자견(3~4개월령) 때부터 시작하는 것이 가장 좋습니다. 아직 양치질에 거부감이 없고, 잇몸이 건강하기 때문에 양치질 시의 통증도 없어 쉽게 적응하게 됩니다. 이때부터 잘 훈련시키면 성견이 되어도 수월하게 양치질을 해줄 수가 있습니다. 횟수는 하루 1회가 적당합니다. 드문드문 하면 효과가 떨어지고, 익숙해지기 어렵기 때문에 오히려 거부감이 심해질 수 있습니다.

3. 동물 전용 칫솔과 치약 사용 필수!

사람용 칫솔과 치약을 사용하면 잇몸이 다치거나 심하게 자극될 수 있습니다. 또한 사람 치약 맛 때문에 강아지들이 극도로 양치질하는 것을 거부할 수 있습니다. 꼭 동물 전용 양치질 도구를 사용해 주세요.

┃올바른 양치질 법

1. 맨 손가락에 동물용 치약을 조금 묻혀서 앞니에 갖다 댑니다. 입을 억지로 벌리지 마시고, 입을 다문 상태에서 해도 됩니다.

2. 몇 초 동안의 짧은 시간 동안 잇몸을 마사지 합니다. 하루에 여러 번 반복합니다.

3. 강아지가 마사지를 참을 수 있을 정도로 익숙해지면 손가락이 어금니에 닿을 때까지 조금씩 뒤로 갑니다.

4. 이 과정에 익숙해져서 강아지가 편안해 하면, 이번엔 부드러운 칫솔모를 가진 동물용 칫솔에 동물용 치약을 묻혀서 몇 초간 앞니를 칫솔질합니다.

5. 칫솔질에 익숙해지면 뒤쪽으로 진행하면서 칫솔질을 실시합니다. 칭찬을 통해 격려해 주고, 잘 참고 칫솔질을 마치면 맛있는 간식 등으로 상을 줍니다. 2~5단계의 경우 각 단계마다 일주일 이상의 시간을 투자하며 천천히 진행합니다.

앞니의 경우 잇몸에서 치아 끝으로 칫솔질을 해줍니다. 다른 치아의 경우 위턱의 잇몸 쪽으로, 그리고 아래턱의 잇몸 쪽으로 순환적 움직임을 하고, 잇몸경계 주위에 초점을 맞춰서 칫솔질을 합니다. 안쪽까지 닦아 주면 좋지만 대부분 하기는 어렵습니다. 바깥쪽과 어금니 안쪽만 잘 닦아도 됩니다.

6. 이 단계를 넘어가면 매일 칫솔질을 실시합니다. 이러한 과정을 통해 구강 상태를 위생적으로 유지할 수 있습니다.

! 잘못된 상식!

양치질을 열심히 하면 스케일링은 안 해도 된다?
아닙니다. 양치질을 열심히 한다고 해도 칫솔이 닿지 않는 부분이 굉장히 많습니다. 이 부분에 치석이 계속 쌓여서 잇몸 염증을 유발할 수 있기 때문에 양치질을 한다고 해도 정기적인 스케일링은 필수입니다. 다만, 양치질을 할 경우 스케일링을 해야 하는 간격이 길어지고, 스케일링 후에도 훨씬 건강한 치아를 오래 유지할 수 있기 때문에 양치질을 강하게 권해드립니다.

? 질문 있어요!

Q. 우리 강아지는 양치질만 하려고 하면 물려고 합니다. 칫솔은 입 근처에 대지도 못하게 해요. 치석과 치주염이 심해서 닦아 줘야 할 것 같은데…. 어떻게 해야 하나요?

A. 성견의 경우는 양치질에 익숙하지 않기 때문에 대부분 싫어합니다. 특히 이미 잇몸에 염증이 있는 경우에는 아프기 때문에 더 손도 못 대게 하지요. 치석과 치주염이 심하다면 현 상태에서는 양치질을 한다 해도 아무 소용이 없습니다. 일단 스케일링을 먼저 받아 치석을 다 제거해 줘야 합니다. 치석을 다 제거하고, 치주염 치료를 한 다음에 잇몸이 건강해졌을 때 다시 한 번 시도해 보세요. 통증이 사라져서 좀 더 수월하게 할 수 있을 겁니다. 통증이 사라졌는데도 너무 싫어하거나 물려고 한다면 양치질하기는 어렵습니다. 이런 아이에게는 마시는 치약, 먹는 치약, 구강 소독제 등이 대안으로 사용될 수 있습니다. 또 치석 예방용 장난감이나 딱딱한 개껌 같은 것도 도움이 됩니다.

치석을 유발하는 음식?!

주로 습식 사료나 캔 같은 경우에는 이빨에 잘 묻고 끼기 때문에 치석이 잘 생깁니다. 건식 사료의 경우에는 치석 발생이 좀 더디고, 치석 전용 사료를 먹일 경우 사료가 씹힐 때 일정량의 치석이 갈려 나가기 때문에 치석 예방과 치료에 효과적입니다.

치석 유발 정도

캔, 습식 사료 > 일반 사료 > 치석전용 사료

 발톱 깎기

발톱이 너무 길어져서 휘어지고 발패드의
모양도 변형시킨 모습

강아지들도 정기적으로 발톱관리가 필요합니다. 발톱을 깎아 주지 않으면 너무 길어져 휘어지거나 부러지고, 심하면 발 주위 살을 파고들기도 합니다.

▌발톱 깎는 방법

1. 강아지 발톱에는 혈관이 있습니다. 너무 짧게 깎아서 혈관을 건드리면 피가 나고, 통증을 느낄 수 있습니다. 이런 경험이 있으면 발톱 깎는 것을 싫어하게 되니 주의하세요.

흰 발톱인 경우에는 혈관 끝이 보인다.

2. 흰색 발톱을 가진 애들은 혈관이 보이기 때문에 자르기가 쉽습니다. 혈관 끝부분에서 2~3mm 정도 남기고 잘라 주면 됩니다. 발톱이 검은색이라서 혈관을 볼 수 없는 경우에는 발바닥과 일직선이 되도록 잘라주면 됩니다.

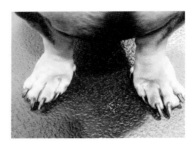

검은 발톱

발톱 깎기 : 혈관이 끝나는 부위에서 잘라 준다.

3. 발톱을 자른 부분에서 피가 날 경우에 깨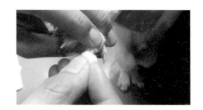
   끗한 솜 등을 대어 5분간 눌러 주는 것이
   좋습니다. 대부분 지혈이 잘 되지만, 간
   혹 출혈이 지속되는 경우가 있습니다. 이
   런 경우에는 가까운 병원에 가셔서 지혈
   시켜야 합니다.

4. 강아지 발톱은 보통 앞발에 5개, 뒷발에 4개가 있습니다. 간혹 뒷발에 며느
   리발톱이 있는 경우는 뒷발도 5개 또는 6개의 발톱을 가질 수 있습니다. 강
   아지마다 차이가 있으니 우리 강아지의 발톱이 몇 개인지 미리 파악해 두
   는 것이 좋습니다.

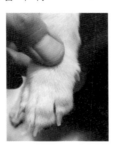

앞발의 발톱은 5개

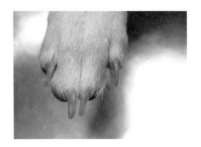

뒷발의 발톱은 4개

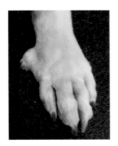

간혹 뒷발에 며느리발톱이 있는 경우도 있다.

발 근처도 건드리지 못하게 한다면?

간혹 발톱 깎는 것을 매우 싫어하는 강아지들이 있습니다. 발 근처에 손만 가져가도 물려고 하는 아이도 있지요. 어릴 때 발톱이나 발바닥이 다쳤던 기억이 있거나, 지간습진 등의 질환 때문에 발에 통증이 있는 아이인 경우 특히 싫어합니다. 간혹 별다른 이유 없이 발쪽이 예민한 아이도 있고요. 어쨌든 싫어하는 아이를 억지로 붙잡고 발톱을 자르는 것은 정말 고역입니다. 심하면 강아지가 다치거나 보호자분이 물릴 수도 있습니다. 발톱 깎는 것을 극도로 싫어한다면 이렇게 해보세요.

1. 발톱, 발 패드, 발바닥 사이에 문제가 있는지 살펴봅니다. 집에서 할 수 없으면 병원에서 검사를 받는 것이 좋습니다. 통증을 일으킬 만한 원인이 있다면 먼저 치료를 해야 합니다.
2. 아무 문제가 없다면, 행동학적 교정으로 접근해야 합니다.

   (1) 아이를 안고, 가장 좋아하는 간식을 주면서 발 주위를 살살 만집니다.

   (2) 1번이 익숙해지면 간식을 주면서 발톱 깎기로 발바닥을 톡톡 건드립니다.

(3) 2번이 익숙해지면 간식을 주면서
    발톱 깎기를 발톱에 끼웠다 뺍니다.
(4) 3번이 익숙해지면 간식을 주면서
    발톱을 깎습니다.

이렇게 단계적으로 접근하면 발톱 깎
는 것에 대한 두려움을 긍정적인 기억으로 바꿔 줄 수 있습니다. 이때 중
요한 것은 간식은 발 주위를 만지는 행동을 할 때에만 줘야 한다는 것!
그리고 전단계가 익숙해졌을 때 다음단계로 넘어가야 한다는 것!

3. 이 방법도 실패한다면 집에서 강제적으로 하는 것보다는 애견 미용실이
   나 병원에서 잘라 주는 것이 좋습니다.

항문낭 관리

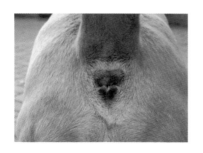

| 항문낭이란?

강아지의 항문 주위 4시와 8시 방향에는 주
머니 같은 구조가 있습니다. 이것을 '항문낭'
이라 하는데, 이 주머니 안에는 지독한 냄새
를 가진 점액성 갈색 액체가 있습니다. 이
액체는 강아지들이 배변을 할 때 윤활하게
할 수 있도록 도와주며, 강아지 고유의 냄새를 표시할 수 있게 해줍니다. 소위

말하는 영역표시라는 것이지요. 스스로를 표현하는 천연향수라고나 할까요? 그래서 보통 강아지들이 처음 만나면 항문주위를 서로 킁킁거리면서 각자 개성의 냄새를 맡는 것이랍니다.

▌항문낭 관리가 필요합니다.

항문낭 안의 액체는 배변 시에 자연스럽게 짜여 나오게 되어 있습니다. 하지만 소형견의 경우, 이것만으로는 부족한 경우가 대부분입니다. 그리하여 항문낭 안에 액체가 빠지지 못하고 계속 고이게 되어 염증이 발생하고, 심할 경우 터질 수도 있습니다. 강아지들도 액체가 계속 차게 되면 간지럽고, 짜내고 싶기 때문에 엉덩이를 끌고 다니는 등의 이상 행동을 나타내기도 합니다(일명 똥꼬스키를 탄다고 합니다). 보통 항문낭은 2주에 한 번씩은 짜주는 것을 권장합니다. 특히 짜고 나면 냄새가 심하기 때문에 목욕시키기 직전에 짜주는 것이 좋습니다. 또, 강아지가 똥꼬스키를 탈 경우에는 대부분 항문낭이 가렵다는 뜻이기 때문에 짜 주는 것이 좋습니다.

▌항문낭 짜는 방법

1. 항문 주위 4시와 8시 방향을 만져보면 동글동글한 두 개의 구슬 같은 주머니가 만져집니다.

2. 만져지는 주머니의 끝 부분에서 손가락을 대고, 항문 쪽으로 밀어 짜 올립니다.

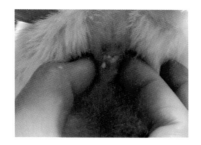

3. 항문 쪽에 있는 항문낭 입구에서 액체 또는 점액성의 분비물이 나오는 것을 볼 수 있습니다. 간혹 액체가 묽은 경우 바깥쪽으로 쏠 수 있으므로 휴지로 잘 막고 하는 것이 좋습니다.

4. 분비물을 닦고 목욕시키거나 목욕을 시키지 않을 경우에는 소독약이나 탈취제로 닦아 주는 것이 좋습니다.

Dr's advice

대형견의 항문낭은 짜지 않는다!
대형견의 경우 대부분 배변할 때 또는 산책할 때 항문낭 액체가 충분히 배출됩니다. 어떤 질환이나 문제가 있지 않는 한 항문낭을 짜줄 필요가 없습니다. 한번 짜게 되면 액체양이 계속 많아져서 지속적으로 관리해 줘야 합니다.

? 질문 있어요!

Q. 미용 후 엉덩이를 질질 끌고 다녀요. 항문낭을 짜 줬다고 했는데, 왜 그런가요?

A. 간혹 미용이나 병원에 와서 항문낭을 다 짰는데도 불구하고, 집에 가서 엉덩이를 끌고 다니는 아이들이 있습니다. 이럴 경우 항문낭을 안 짜준 것 아니냐는 오해를 받는 경우도 있지요.
엉덩이를 끌고 다니는 것은 항문낭을 안 짜도 그럴 수 있지만, 항문낭을 짠 직후 자극이 돼서 그럴 수 있습니다. 특히 미용 후에는 항문낭도 짜고, 그 부위의 털도 밀었기 때문에 더 자극되고 간지럽게 느낄 수 있답니다. 보통 하루 이틀이면 증상이 사라지니 너무 걱정하지 않으셔도 됩니다. 증상이 지속된다면 질환일 수 있으니 확인받아 보셔야 합니다.

🐾6
잘 먹고 잘 사는 법

 올바른 사료 먹이는 방법

▌사료의 선택

사료를 선택할 때는 강아지의 나이, 건강 상태, 사료의 구성성분, 사료 형태, 기호성 등을 고려해야 합니다.

- **강아지의 나이 – 자견 vs 성견 vs 노령견**

  생후 10개월령 미만의 자견의 경우에는 칼로리가 높은 고영양 사료를 먹이는 것이 좋습니다. 대부분의 사료는 자견용(퍼피용 사료)이 따로 나와 있습니다. 성견에게 자견용 사료를 먹일 경우 영양과다로 살이 찔 수 있습니다. 성견용 사료를 선택해 주는 것이 권장됩니다.

  8살 이상의 노령견의 경우 항산화 성분 등이 추가된 노령견용 사료를 먹이는 것이 도움이 될 수 있습니다.

- **건강 상태 − 처방식의 선택**

특정 질환이 있는 경우 특정 영양성분이 제한되거나 권장될 수 있습니다. 이러한 점을 고려하여 만든 것이 처방식입니다.

심장, 소화기, 결석, 간부전, 신부전, 췌장질환, 알레르기, 다이어트, 치석 등의 다양한 질환에 해당하는 처방식이 나와 있습니다. 최근에는 처방식의 종류도 다양해져 잘 먹는 것을 골라 주면 됩니다.

다양한 처방식

- **사 료**

사료의 기본 성분 중 가장 중요한 것이 고기입니다. 닭고기, 오리고기, 칠면조, 소고기 등 다양한 고기가 사용되고 있습니다. 아이에 따라 특정 고기에 알레르기가 있을 수 있으니, 피부가 좋지 않거나 아토피가 있는 아이들은 어느 고기를 사용했는지를 알아보고 선택하는 것이 좋습니다. 그 외의 성분도 꼼꼼히 읽어보고, 우리 아이와 맞지 않는 성분이 있는지 확인하는 것이 좋습니다.

대부분 사료하면 먼저 건식 사료를 떠올립니다. 하지만 사료의 형태에 따라 건식 사료 이외에 캔이나 파우치 등의 습식 사료도 있습니다. 습식 사료는 이빨에 잘 끼고 잔여물이 많이 남기 때문에 치석이 건식 사료보다 많이 생기고, 가격이 비싸다는 단점이 있습니다. 하지만 기호성이 건식 사료보다 좋아 아이들이 잘 먹고, 수분함량이 많아 결석 등의 예방에 도움이 된다는 장점이 있습니다. 아이들의 기호성과 건강 상태에 따라 건식 또는 습식 사료를 선택할 수 있습니다.

- **기호성**

아무리 좋은 사료라도 입맛에 맞지 않으면 "땡!"입니다. 사료의 맛도 천차만별, 아이들의 입맛도 천차만별이기 때문에 처음부터 바로 입맛에 딱 맞기는 힘들 수 있습니다. 선택한 사료를 잘 먹지 않는다면 다른 종류의 사료로 바꿔서 기호성에 맞는 사료를 골라 주는 것이 좋습니다. 시식용 샘플을 먼저 먹여 보는 것도 방법입니다.

▮ 급여 방법

사료를 급여하는 방법은 크게 제한급식과 자유급식으로 나눌 수 있습니다.

- 제한급식은 일정량의 사료를 규칙적인 시간에 주기 때문에 정해진 양만큼만 먹이게 됩니다. 주로 먹는 양을 조절하지 못하는 어린 강아지들이나 다이어트가 필요한 성견들에게 적용되는 방법입니다. 또 사료를 잘 먹도록 길들이는 훈련을 할 때에도 사용됩니다. 아이에게 먹는 양과 시간을 인식시킬 수 있기 때문에 가장 이상적인 급여 방식입니다.
  자견의 경우 먹이고 있는 사료의 권장량을 1일 3~4회 급여합니다. 스스로 먹는 양을 조절하지 못하기 때문에 배가 불러도 계속 먹는 경우가 많습니다. 정해진 양만큼만 급여하는 것이 좋습니다. 간혹 사료양이 많거나 부족할 경우 토하거나 변에 이상이 있는 경우가 있습니다. 이럴 경우 수의사와 상담하여 조정하는 것이 좋습니다.

다이어트 중인 성견은 다이어트에 필요한 칼로리를 정확히 계산하여 정해진 시간 동안만 주고, 안 먹으면 치워 놓습니다. 보통 10~20분 동안 두면 됩니다.

사료를 잘 안 먹는 아이를 훈련할 때에는 정해진 시간에만 주는 것이 중요합니다. 정해진 시간에만 두고 안 먹으면 치워 주세요. 이를 반복하면 이 시간에 안 먹으면 굶는다는 것을 인지하여서 정해진 급여시간에 먹게 됩니다.

• 자유급식은 대부분의 성견들에게 사용되는 급식 방법입니다. 성견은 먹는 양을 조절할 수 있기 때문에 밥그릇에 사료를 채워 주고 알아서 먹게 하는 방식이지요. 제한급식이 이상적인 방식이긴 하지만 정확히 챙겨 주기 어려울 때는 자유급식으로 주면 됩니다. 단, 자유급식 시에는 평소 먹는 양을 체크해 두는 것이 좋습니다. 먹는 양이 갑자기 줄 경우에는 사료가 안 맞거나 건강에 문제가 있을 수 있으니 검사를 받아 봐야 합니다.

홈메이드 사료?!!

간혹 집에서 직접 먹거리를 만들어 주는 보호자들을 만날 수 있습니다. 드물기는 하지만 사료에 문제가 생겨서 집단으로 아이들이 아픈 경우도 있었고(몇 년 전에 P사료를 먹은 아이들에게 신부전이 발생했던 사례가 있었지요), 사료에 들어간 방부제나 첨가물이 위해하다고 생각하는 경우가 많습니다. 물론 집에서 신선한 재료로 바로바로 만들어서 주는 것이 가장 안전할 수 있습니다. 하지만 잘못하면 가장 위험한 방법이 될 수도 있습니다. 이유는 애견에게 필요한 영양균형을 맞추기가 어렵기 때문이지요. 검증받은 사료들은 보통 영양균형을 정확히 맞춰 나오기 때문에 그것만 급여해도 건강하게 키울 수 있습니다. 하지만 직접 만든 사료는 자칫하면 어떤 영양소는 과할 수도, 어떤 것은 부족해질 수 있습니다. 따라서 아이들에게 필요한 영양소의 밸런스들을 정확히 알아보고 식단을 구성하는 것이 매우 중요합니다.

🐶 먹지 말아야 할 음식

사람은 먹어도 되지만 강아지들이 먹으면 절대 안 되는 음식들이 있습니다. 이런 음식을 먹으면 중독증상을 일으키고, 심하면 생명을 잃을 수도 있으니 꼭 기억해 두세요!

▌초콜릿, 커피, 카페인

구토, 설사, 과호흡, 갈증, 다뇨, 흥분, 심박이상, 경련, 발작을 일으킬 수 있습니다.

알코올

구토, 설사, 우울, 호흡곤란, 경련, 혼수상태 등을 일으킬 수 있습니다.

아보카도

구토, 설사를 유발할 수 있습니다. 특히 새나 토끼, 햄스터 등의 설치류에는 독성이 더 강하여 울혈, 호흡곤란 등을 일으킬 수 있고 심한 경우 생명을 잃을 수 있습니다.

마카다미아

기력상실, 우울, 구토, 경련, 체온상승 등이 나타날 수 있습니다. 대체로 증상은 먹은 뒤 12시간 내에 나타나며 약 48시간까지 지속됩니다.

포도 및 건포도

신장 장애를 유발하게 됩니다. 원래 건강이 안 좋은 경우 포도 독성이 매우 심하게 반응할 수 있습니다.

날고기, 날달걀, 뼈

날고기나 날달걀에는 살모넬라, E. coli 등의 세균이 있을 수 있어 식중독의 원인이 될 수 있습니다. 뼈는 먹다가 목에 걸리거나 소화관에 천공이 생기는 등의 위험성이 있습니다.

▎ 자일리톨

저혈당이 일어날 수 있으며, 간에 손상을 받을 수 있습니다. 초기 증상으로 구토, 무기력, 행동조절장애 등이 나타날 수 있으며, 심할 경우 발작을 할 수 있습니다.

▎ 양파, 마늘, 파

소화기를 자극하고 적혈구에 손상을 줄 수 있습니다. 고양이가 더 민감하지만 개도 많은 양을 먹을 경우 위험할 수 있습니다.

▎ 우 유

동물은 우유에 포함되어 있는 젖당을 소화할 수 있는 효소가 적어 우유를 먹으면 설사나 다른 소화기 장애가 발생할 수 있습니다.

▎ 소 금

소금을 너무 많이 먹을 경우 과도한 갈증, 다뇨 등이 나타날 수 있으며, 심하면 독성작용이 나타날 수 있습니다. 이 경우 구토, 설사, 우울, 경련, 체온 상승, 발작 등이 나타나고 심하면 사망에 이를 수 있습니다. 따라서 소금기가 많은 과자나 사람 음식은 가급적 안 주는 것이 좋습니다.

먹지 말아야 할 음식

잘못된 상식!

사람 음식은 개에게 무조건 안 좋다?

사람 음식은 보통 간이 세기 때문에 개에게 안 좋은 것은 사실입니다. 하지만 무조건 다 안 좋은 것은 아닙니다. 간을 하지 않은 소고기나 집에서 건조한 닭고기 육포는 좋은 영양 공급원이면서 안심하고 먹일 수 있는 간식거리가 됩니다. 또 오이, 양배추와 같이 수분이 많은 채소는 물을 잘 먹지 않는 아이들에게 수분을 공급할 수 있는 간식이 되기도 합니다. 수박, 사과와 같은 과일류도 비타민과 수분을 보충하는 데는 도움이 되지만, 당분이 많기 때문에 소량만 급여하는 것을 추천합니다.

비만 정도 알아보기

반려동물도 잘 먹고 잘 살게 되면서 비만한 아이들이 증가하고 있습니다. 사람과 마찬가지로 비만 반려동물도 암, 당뇨, 관절질환, 심장질환, 고혈압 등 각종 질환에 걸릴 가능성이 매우 높아지게 됩니다. 놀라운 것은 내원한 반려동물이 깜짝 놀랄 정도로 살이 찐 상태인데도 "우리 아이가 뚱뚱한 건가요?"라고 묻는 보호자분들이 생각 외로 많다는 점입니다.

🐶 살은 왜 찌나요?

고열량 식이와 운동부족

비만의 가장 큰 이유입니다. 사료 외에 고열량 간식을 많이 먹거나 사람이 먹는 짜고 단 음식을 많이 먹는 아이들은 십중팔구 비만입니다. 살이 찌게 되면 호흡이 쉽게 가빠지고 관절에 무리가 가니까 움직임은 더 줄어들게 됩니다. 결국 살은 더 찌게 되는 비만의 악순환이 시작됩니다.

중성화 수술

중성화 수술 후에 살이 찌는 아이들이 종종 있습니다. 그 이유는 성호르몬이 감소하면서 에너지대사율과 스트레스, 그리고 행동량이 줄어들기 때문입니다. 또 에스트로겐은 식욕을 억제하는 효과가 있는데, 이 효과가 없어지면서 오히려 식욕은 더 늘어나게 됩니다. 식욕은 늘고, 행동량이 줄게 되면 당연히 살이 찌게 되겠지요?

품종 특이성

살이 쉽게 찌는 품종이 있습니다. 물론 이러한 품종의 아이들이 모두다 비만이 되는 것은 아니지만, 비만이 될 확률이 높으므로 체중 관리에 더 신경 써야 합니다. 래브라도 리트리버, 닥스훈트, 비글, 코커 스파니엘, 바셋 하운드 등의 품종이 해당됩니다.

나 이

보통 2살에서 12살 사이에 살이 많이 찝니다. 6살 경에 최고 체중을 기록하고, 노령기에 들어서면 체중이 감소하는 경우가 많습니다. 2살 이전에는 활동이 왕성하고 기초대사량이 높기 때문에 살이 잘 찌지 않는데, 그럼에도 불구하고 어린 나이에 비만하다면 당장 다이어트를 시작해야 합니다. 그렇지 않으면 평생을 비만으로 고생할 수 있습니다.

생활환경

사람들이 스트레스를 받으면 폭식하는 것처럼 강아지들도 스트레스가 폭식을 유발할 수 있습니다. 갑작스러운 생활환경의 변화, 예를 들어 새로운 가족이 생긴다든지, 새로운 반려동물들이 들어온다든지, 주 생활지가 바뀐다든지 등의 스트레스가 폭식을 유발할 수 있습니다. 그리고 동거하는 다른 반려동물들과 먹을 것을 경쟁할 경우에도 폭식이 유발될 수 있습니다.

약 물

식욕을 촉진하고 대사율을 낮춰서 비만을 유발하는 약물들이 있습니다. 아토피 또는 면역매개성 질환에 주로 사용하는 스테로이드, 경련에 사용하는 약물들이 해당됩니다.

▌질환

갑상선 기능 저하증, 부신피질 기능 항진증과 같은 호르몬 질환과 뇌하수체나 시상하부와 같은 뇌 질환이 있는 경우 살이 찔 수 있습니다. 특히 먹는 것이나 운동량을 조절하는 데도 살이 급격하게 찐다면 이러한 질병을 의심해 보아야 합니다.

비만 정도 평가

다양한 비만 평가 방법 중, 육안으로 쉽게 할 수 있는 방법을 알려드리겠습니다. 늑골과 척추 등의 뼈가 돌출된 정도를 평가하여 비만 정도를 결정하는 방법입니다. 간단히 말씀 드리면「갈비뼈와 등뼈가 잘 만져지지 않는다. = 살이 쪘다.」라고 생각하면 됩니다. 반대로「갈비뼈와 등뼈가 눈으로도 확실히 두드러져 보인다. = 너무 말랐다.」는 것이 되겠지요. 좀 더 자세한 구분 방법을 보시죠.

① 매우 마름	② 마름	③ 정상	④ 과체중	⑤ 비만
피하지방 없이 피부만 덮고 있어서 늑골과 척추가 심하게 도드라지고 허리가 쏙 들어감	피하지방이 약간 있지만 늑골과 척추가 잘 만져지는 상태. 허리가 쏙 들어감	늑골과 척추는 만져지지만 주위로 피하지방이 적절히 존재. 적절한 비율로 허리가 들어감	늑골과 척추가 잘 만져지지 않고 피부를 세게 눌러야 만져질 정도로 피하지방이 많음. 목 주위 주름이 많고 일자 허리 라인	심한 피하지방으로 늑골과 척추를 만질 수 없음. 목 주위 지방이 많고 복부 팽만

※ 1번과 5번에 해당하는 아이들은 즉각적인 체중관리가 필요합니다. 건강검진을 통해 질환 여부를 확인하고, 식이관리 및 운동요법도 병행해야 합니다.

올바른 다이어트 방법

다이어트에는 지름길이 없습니다. 철저한 칼로리 제한과 운동! 이것이 정답입니다. 사람과 똑같죠. 여기에 추가로, 살이 찌게 하는 질환이 있다면 적절한 치료가 동반되어야 합니다.

다이어트 ABC! – A. 칼로리 제한

다이어트 기간에는 섭취 칼로리를 제한시켜 주는 것이 가장 중요합니다. 일체의 고칼로리 간식류는 끊고, 사료만 급여해야 합니다. 이때 중요한 것은 칼로리를 계산해서 줘야 효과적이라는 것입니다. 실제로 "우리 아이는 계속 다이어트 사료를 먹이고 있는데 왜 살이 안 빠지죠?"라고 묻는 경우를 종종 볼 수 있습니다. 이런 경우 대부분은 사료 외에 간식을 주거나, 다이어트 사료를 너무 많이 주고 있습니다. 당연한 이야기겠지만 저열량의 다이어트 사료를 먹이신다고 해도 양을 제한하지 못하면 섭취 칼로리는 줄어들지 않게 됩니다. 당연히 살도 안 빠지게 되지요. 따라서 다이어트 사료를 먹이는 것도 좋지만, 그보다 더 중요한 것은 살이 빠질 수 있도록 칼로리를 계산해서 급여하는 것입니다. 칼로리를 계산해서 급여할 경우 급여량이 갑자기 줄어들어 반려동물이 느끼는 공복감이 심할 수 있습니다. 이런 경우에는 저칼로리 채소류(오이, 양배추, 브로콜리 등)를 간식으로 하여 포만감을 채워 줄 수 있도록 합니다.

칼로리 계산법

1. 급여 중인 사료(다이어트 사료)나 해당 회사의 홈페이지에 들어가면 대부분 급여 권장량이 게시되어 있습니다. 목표로 하는 체중을 정하고 그에 해당하는 급여 권장량(gram)만 줍니다.

2. 급여 권장량을 찾지 못한 경우 또는 우리 아이에게 맞춤으로 더 정확한 칼로리 계산을 원할 경우에는 최소 에너지 요구량을 계산하는 방법이 있습니다.

   최소 에너지 요구량 kcal = 30 × 체중(kg) + 70

   (예 5kg 강아지의 최소 에너지 요구량 = 30 × 5 + 70 = 220Kcal)
   최소 에너지 요구량의 계산 후 비만 정도에 따라 1~1.2배를 곱하면 됩니다.

3. 칼로리를 계산한 후에는 먹이는 사료의 그램당 칼로리를 알아본 후 급여량(gram)을 결정하면 됩니다. 몇 그램을 먹일지 결정되면 전용 계량컵을 이용하거나 종이컵을 이용하면 됩니다. 보통 종이컵 한 컵당 70~80gram의 사료가 들어갑니다. 더 정확히 하기 위해서는 먹이는 사료가 종이컵 한 컵에 몇 그램이 들어가는지 재보는 것이 좋습니다.

다이어트 ABC! – B. 적절한 운동

강아지 수영

살을 빼기 위해서는 먹는 것이 반, 운동이 반 입니다. 칼로리 섭취를 제한하는 것만큼 적정 칼로리를 소비하는 것이 중요합니다. 운동할 때는 아이의 상태에 따라 적절한 운동 강도와 시간을 정하는 것이 중요합니다. 건강하고 어린 아이들은 등산이나 공 던지기 놀이 등 약간은 과격한 운동도 가능합니다. 그러나 나이가 많고 심하게 뚱뚱한 아이들의 경우 과격한 운동은 오히려 관절이나 심장 등에 무리가 될 수 있으므로 이런 아이들은 가볍게, 자주 운동하는 것이 중요합니다. 한 번 운동시간은 10분 정도로 가벼운 산책 정도가 좋고, 1일 산책 횟수는 많을수록 좋습니다. 특히 관절이 이미 안 좋은 아이들은 걷는 것 자체를 싫어할 수 있습니다. 이런 아이들은 수영을 시켜주거나 물속에서 걷기 운동을 시켜주는 것이 좋습니다. 이 방법은 관절에 무리가 덜 가면서 많은 칼로리를 소모합니다.

다이어트 ABC! – C. 이래도 살이 안 빠진다면 질병을 의심하라!

이렇게 엄격한 칼로리 제한과 운동을 시키는데도 살이 안 빠진다면 병원에 가 보셔야 합니다. 체중을 증가시키는 질환이 있을 가능성이 높습니다. 특히 노령견의 경우 호르몬 질환이나 뇌 질환의 가능성이 있으므로 검진이 필요합니다.

│ 주의사항! — 다이어트 중에 구토?!

위가 비어 있는 시간이 늘어날 경우 공복으로 인한 구토 또는 위산분비로 인한 위염이 발생할 수 있습니다. 다이어트 중에 구토(특히 공복으로 인한 노란 위액 구토)가 늘어날 경우에는 수의사와 상의하기 바랍니다. 위산 억제제를 복용하거나 심할 경우 다이어트를 중단해야 할 수도 있습니다.

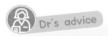

다이어트 프로그램을 이용하라!
'작심삼일'이라는 말이 있지요? 내 살 빼기가 어려운 것처럼 내 강아지의 살을 빼는 것도 결코 쉬운 일이 아닙니다. 다이어트에 성공하는 경우보다는 포기하는 경우가 훨씬 많습니다. 여러 가지 이유가 있겠지만 강아지에게 마음이 약해져서 간식의 세계로 돌아가게 되는 것이 가장 큽니다.
다이어트를 혼자 진행하기 어렵다면 병원이나 다이어트 프로그램을 적극 활용해 보기 바랍니다. 병원에서 수의사와 함께 진행하게 되면 칼로리 계산부터, 건강상태까지 한 번에 체크받을 수 있습니다. 또한 정기적으로 병원에 가서 체중을 체크하면 느슨해질 때마다 긴장도 되고, 체중이 어떻게 변화되고 있는지 추이도 볼 수 있으므로, 더 신이 나게 하실 수 있습니다. 그 외에 사료회사에서 제공하는 다이어트 프로그램을 활용해 보는 것도 방법입니다.

약 먹이는 법, 연고 바르는 법, 안약 넣는 법

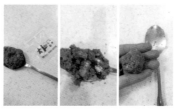약 먹이는 법

알약 & 캡슐

- **맛있는 것에 싸서 먹인다! 난이도 下**

고기경단 이용　　　　　　　필포켓 이용

평소 좋아하는 맛있는 음식으로 알약을 싸서 먹이는 방법입니다. 보통 치즈나 빵, 고기 경단 등에 알약을 넣거나 간식 캔에 섞어 줍니다. 시중에는 약을 먹이기 위한 용도로 가운데가 비어 있는 간식이 있기도 합니다. 보통 강아지들은 씹지 않고 삼키므로, 이 방법이 가장 쉽게 먹일 수 있는 방법입니다. 단! 예민한 강아지들은 알약을 골라내어 뱉는 경우도 있습니다. 이 방법이 통하지 않는다면 다음 단계로 이동!

• **필건을 이용한다! 난이도 中**

필건 이용

약을 억지로 삼키게 해야 합니다. 캡슐을 잡을 수 있는 집게가 달린 필건을 이용하여 입 안쪽에 알약을 밀어 넣고, 입을 다물게 한 후 턱 아래를 자극하여 삼킴을 유도합니다.

- 손으로 알약을 목구멍에 밀어 넣는다! 난이도 上

손 이용

초보자에게는 쉽지 않지만, 익숙해지면 가장 편한 방법입니다. 직접 알약을 손으로 잡고, 혀뿌리 안쪽 목구멍 깊숙한 곳까지 밀어 넣고, 입을 다물게 한 후 턱 아래 목 부분을 마사지하여 삼킴을 유도합니다. 강아지가 보호자에게 신뢰가 없거나, 무는 강아지의 경우에는 불가능한 방법입니다.

| 가루약

- 맛있는 캔 간식에 섞는다! & 꿀이나 잼에 섞어서 윗입술에 바른다! 난이도 下

캔 간식 이용

아이가 평소 잘 먹거나 냄새가 강한 간식 캔에 가루약을 섞어 줍니다. 냄새나 맛이 강할수록 약의 냄새와 맛을 가려줄 수 있으므로 효과적입니다. 간식 캔을 따뜻하게 데워서 냄새와 맛을 더 강하게 해주는 것도 방법입니다.

잼이나 꿀에 섞기

가루약을 꿀이나 잼에 섞어서 찐득하게 만든 후에 강아지의 코 아래 윗입술 부위에 발라 주면 혀로 핥아 먹습니다. 가능하다면 입천장에 발라 주는 것도 좋은 방법입니다.

- **물에 섞어서 주사기로 먹인다! 난이도 中**

주사기 이용

가루약을 물에 섞어서 주사기로 먹이는 방법입니다. 강아지의 볼주머니에 주사기를 넣어서 천천히 주는 것이 안전합니다. 너무 목 깊숙이 넣거나 빠른 속도로 주입하면 약이 기관지로 넘어갈 위험이 있으니 주의하세요.

• 볼주머니에 털어 넣는다! 난이도 上

가루약을 직접 볼주머니에 털어 넣는 방법입니다. 능숙해지면 가장 간편하고 안전한 방법입니다. 입술을 벌려 볼주머니의 공간을 충분히 만든 후에 가루약을 털어 넣고 볼주머니를 문질러 줍니다. 이렇게 하면 가루약이 침에 녹아 먹게 됩니다. 이때에도 가루약을 너무 급하게 목 안쪽으로 털어 넣으면 기관지로 넘어갈 수 있으니 주의해 주세요.

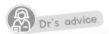

약을 처음 먹일 때에는 난이도가 낮은 방법부터 해보고, 안 되면 다음 단계로 넘어가는 것이 좋습니다. 난이도가 낮을수록 보호자와 강아지 모두 스트레스를 덜 받으면서 안전하게 먹일 수 있는 방법입니다. 약 먹이는 자세로 반복적으로 간식을 주어서 약 먹는 자세에 대한 거부감을 없애거나, 약을 먹은 후에 칭찬을 해주거나, 간식 등을 주어서 약에 대한 부정적인 감정을 없애는 것도 좋은 방법입니다.

대부분은 피부병이나 상처 부위에 연고를 바릅니다. 연고를 바를 때 가장 흔히 하시는 실수가 소위 '떡칠'을 하는 것입니다. 덕지덕지 두껍게 발라야 효과가 더 좋을 것이라는 그릇된 믿음 때문이죠.

▌연고를 바를 때 기억해야 할 점!

• **병변 부위의 털을 깨끗이 깎는다.**
  털이 있을 경우 감염되기 쉽고, 연고가 잘 흡수되지도 않습니다.

• **동물병원에서 받은 강아지 전용 소독제로 소독을 먼저 한다.**
  소독제는 상처 부위를 깨끗이 씻어 주고 세균을 죽이는 역할을 합니다. 동물병원에서 판매하는 강아지에게 적합한 종류와 농도의 소독제를 사용하는 것이 좋습니다.

• **연고를 면봉에 묻혀서 얇게 펴 바른다.**

사람의 손은 오염되어 있을 수 있으니, 깨끗한 면봉을 이용하는 것이 좋습니다. 소량만 묻혀서 병변 부위에 얇게 펴 바릅니다. 연고를 발라도 상처 부위가 잘 보일 정도로 얇게 펴 바르는 것이 좋습니다.

Q. 상처 부위에 사람용 후시딘이나 마데카솔을 발라 줘도 되나요?

A. 후시딘은 광범위 항생제이고, 마데카솔은 항생제는 아니지만 치유를 도와주는 천연 물질입니다. 상처나 감염이 있는 경우라면 두 가지 모두 사용해도 됩니다. 주의해야 할 점은 후시딘은 항생제 내성이 빨리 생기기 때문에 지속적으로 사용하게 되면 효과가 없을 수 있습니다. 또한 두 가지 모두 종류에 따라 스테로이드가 섞여 있는 경우가 있습니다(예 복합 마데카솔, 후시딘히드로크림). 스테로이드는 감염을 악화시킬 수 있기 때문에 감염성 상처에는 사용하면 안 됩니다. 스테로이드가 들어 있지 않은지 꼭 확인하고, 단기간만 사용하는 것이 좋습니다. 단기간 사용에 효과가 없다면 바로 수의사에게 상담하는 것이 안전합니다.

안약 넣는 법

사람도 안약을 넣는 것이 마냥 쉽지는 않습니다. 저도 안약을 넣을 때 자꾸 눈을 깜박거려서 여러 번 시도해야 할 때가 많습니다. 하물며 강아지들은 말할 것도 없겠지요?

안약을 넣을 때 중요한 것은 안약이 눈으로 떨어지는 것을 보게 하면 안 된다는 것입니다. 강아지들은 이것이 약인지 아니면 눈을 찌르는 무엇인지 잘 모르기 때문에 훨씬 더 무서워하고 자꾸 눈을 감으려고 할 수 있습니다. 따라서 안약을 넣을 때는 최대한 윗눈꺼풀을 위로 당겨서 흰자위를 노출시킨 후 흰자위에 떨어 뜨려 주는 것이 좋습니다. 안약 방울이 떨어지는 것을 볼 수 없게 말이지요.

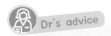
Dr's advice

안약을 넣을 때는 한 방울씩! 여러 종류를 넣을 때는 5분 간격으로!

안약은 많이 떨어뜨린다고 좋은 것이 아닙니다. 1~2방울이면 충분합니다. 그 이상으로 후두둑 떨어뜨리면 눈으로 흡수되는 것이 아니라 바깥으로 흘러넘쳐 버릴 뿐입니다. 또한 여러 종류의 안약을 넣을 때는 먼저 넣은 안약이 충분히 흡수될 시간을 주는 것이 좋습니다. 연속으로 넣어 버리는 경우, 역시 흘러 넘쳐 버리거나 약끼리 서로 흡수를 방해할 수 있습니다. 한 가지 안약을 넣고 5분 정도 기다린 후 다음 안약을 넣는 것이 권장됩니다.

아프다는 신호 알아채기

처음 보내는 신호 1, 2, 3!

사람은 조금만 아파도 바로 얘기하지만, 동물들은 말을 할 수 없기 때문에 초기에는 알아채지 못하는 경우가 많습니다. 보통은 토하거나, 설사를 하거나, 다른 눈에 보이는 이상이 발견되어야 "아, 어디가 아프구나" 하며 알아채게 되지요. 안타까운 것은 초기 증상을 놓쳐 치료시기를 놓치는 경우가 발생할 때입니다. '호미로 막을 것을 가래로 막는다'는 말처럼 대부분의 질환은 초기에 발견할수록 치료도 쉽고 결과도 좋습니다. 대표적인 것이 디스크 질환입니다. 디스크 질환은 초기에 발견하면 약물이나 침 치료로도 결과가 좋지만, 너무 늦게 발견하면 심한 마비가 올 수도 있습니다.

그렇다면 동물들은 질병 초기에 아프다는 표현을 전혀 안 하는 걸까요? 아닙니다! 동물들도 아프다는 표현을 합니다! 동물들이 아플 때 처음으로 보내는 신호 3가지를 보겠습니다.

▎신호 1! 잘 먹지 않는다!

어딘가 불편함을 느끼면 동물들은 먹는 양이 줄게 됩니다. 사료를 잘 먹던 아이가 사료를 갑자기 먹지 않거나, 잘 먹는 간식을 입에 대지도 않는다면 어디가 아픈 건 아닌지 의심해 봐야 합니다.

▎신호 2! 웅크리고 움직이지 않는다!

사람도 몸이 아프면 누워서 꼼짝 하기가 싫지요? 동물들도 마찬가지입니다. 통증을 느낄 때, 속이 거북하고 불편할 때, 심지어 심리적으로 불안하고 불편할 때도 잘 움직이려 하지 않습니다. 이럴 때는 구석이나 눈에 띄지 않는 곳을 찾아서 몸을 웅크리고 있습니다. 활발하고 잘 놀던 아이가 갑자기 웅크리고만 있다면 어딘가 불편하다는 말을 하고 싶은 것일 수 있습니다.

▎신호 3! 이유 없이 깨갱거리며 비명을 지른다!

혼자 가만히 있거나 또는 만지려고 다가가면 갑자기 깨갱거리며 비명을 지르는 경우가 있습니다. 건드리지도 않았는데 말이지요. 이것은 몸이 아프다는 신호를 강하게 보내는 것입니다. 척추, 특히 디스크 쪽의 통증이나 관절 등의 통증이 있을 때 보통 이런 신호를 보냅니다. 예외적으로 학대를 받거나 반복적인 폭행을 당한 기억이 있을 경우에는 특별히 아픈 곳이 없어도 이런 행동을 보이기도 합니다.

위 사항을 잘 기억해 두세요. 위와 같은 증상을 보일 때 바로 병원에 데려가야 할 정도로 응급상황은 아니지만, 증상이 하루 이상 지속되면 어딘가 아픈 것일 가능성이 높습니다. 잘 지켜보셨다가 좋아지지 않는다면 바로 검진을 받아보는 것이 좋습니다.

집에서 할 수 있는 건강 체크

아래의 항목들은 집에서 쉽게 체크할 수 있는 건강상태입니다. 해당하는 증상이 있을 경우에는 분명히 어딘가 아프다는 이야기입니다. 빠른 시일 안에 검진이 필요합니다.

▎배 뇨

증 상	체 크
배뇨량이 갑자기 많아지거나 줄어든 경우	
소변색이 진해지거나 묽어진 경우	
소변 볼 때 아파하거나, 소변을 찔끔거리는 경우	
소변에 피가 나오는 경우	
소변에 반짝거리거나 지저분한 이물질들이 섞여 있는 경우	
소변 냄새가 너무 심해진 경우	

▌배 변

증 상	체 크
점액변 또는 설사를 하는 경우	
혈변을 보는 경우	
변을 3일 이상 보지 않는 경우	
변을 볼 때 아파하거나 변을 보는 자세를 오래 취하는 경우	

▌구 토

증 상	체 크
1일 1회 이상 구토를 하는 경우	
토하지는 않지만 토하려는 행동을 자주 하는 경우	
구토물에 피가 보이는 경우	

▌체 온

증 상	체 크
체온이 낮을 경우(만졌을 때 내 손보다 차가움)	
체온이 높을 경우(만졌을 때 매우 뜨겁고, 헉헉거리거나 내쉬는 숨이 매우 뜨거움)	

▋보 행

증 상	체 크
다리를 들고 다니거나 절뚝거리는 경우	
비틀거리거나 자꾸 쓰러지는 경우	
다리를 질질 끌고 다니는 경우	
걸을 때 여기저기 부딪히는 경우	

▋눈, 코, 귀, 입

- 눈

증 상	체 크
눈을 잘 뜨지 못하는 경우	
검은자위가 뿌옇거나 흰자위가 충혈된 경우	
흰자위가 누렇게 변한 경우(황달)	
눈이 평소보다 튀어나와 보이는 경우	
눈동자 주위 결막이 부어 있거나 튀어나온 경우	

- 코

증 상	체 크
코가 말라 있는 경우	
코피가 나는 경우	
누런 콧물이 나는 경우	

• 귀

증 상	체 크
귀에서 냄새가 나고 삼출물이 나오는 경우	
귀가 빨갛고 부어 있는 경우	
귀를 심하게 터는 경우	

• 입

증 상	체 크
구강에서 냄새가 심한 경우	
치석이 심해서 이빨이 잘 안 보이는 경우	
입, 잇몸에서 피가 나는 경우	
잇몸이 창백한 경우	
잇몸에 혹이 보이는 경우	

피부(발)

증 상	체 크
피부에서 냄새가 나고 끈적끈적한 경우	
피부에 여드름 같은 것이 나는 경우	
탈모가 있는 경우	
각질이 심한 경우	
피부에 혹이 난 경우	
발가락 사이가 빨갛고 부은 경우	
발에서 피나 고름이 나는 경우	

응급상황은 예고 없이 찾아옵니다. 반려동물들에게도 예상하지 못한 순간에 여러 가지 응급상황이 발생할 수 있습니다. 모든 상황을 예방할 수는 없기 때문에 응급 상황이 생겼을 때 알아볼 수 있는 지식과 빠른 대처 방법을 숙지해 놓는 것이 좋습니다.

최근 미국 수의사회(AVMA : American Veterinary Medical Association)에서는 "즉시 치료가 요구되는 13가지 응급상황"을 공지했습니다.

1. 심각한 출혈 또는 5분 이상 출혈이 멈추지 않는 경우
2. 숨 막힘, 호흡곤란 또는 기침과 헛구역질이 멈추지 않는 경우
3. 코, 입, 직장으로부터의 출혈, 토혈 또는 혈뇨가 관찰되는 경우
4. 배뇨장애, 배변장애 또는 명백하게 통증을 동반한 경우
5. 눈의 손상
6. 독성물질(예 부동제, 자일리톨, 초콜릿, 쥐약 등)을 먹은 것이 확인되거나 의심되는 경우
7. 발작과 비틀거림이 보이는 경우
8. 골절, 절뚝거리거나 다리를 사용하지 못하는 경우
9. 통증이나 불안 증세를 보이는 경우
10. 열사병 등 열로 인한 스트레스가 발생한 경우
11. 구토, 설사가 하루에 2회 이상 있는 경우
12. 24시간 동안 물을 마시지 않는 경우
13. 의식이 없는 경우

모두 위중한 상황이기 때문에 바로 병원에 데려가야 합니다. 특히 1, 2, 3, 6, 10, 13의 경우에는 매우 촌각을 다투는 응급상황일 수 있으니, 바로 응급처치를 받을 수 있도록 해야 합니다. 간혹, 위중한 상태인 경우 병원으로 이동 중에 쇼크가 올 수 있으니 주의해야 합니다. 응급상황 발생 후 병원에 도착하기까지 수의사와 긴밀한 연락을 하는 것이 좋습니다.

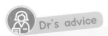 Dr's advice

집 근처의 24시간 동물병원을 미리 알아 두세요!
응급상황은 언제든 발생할 수 있습니다. 특히 야간에 응급상황이 발생할 경우 더 당황할 수 있습니다. 미리 집 근처에 응급처치를 받을 수 있는 동물병원을 알아 두는 것이 좋고, 특히 야간 응급에 대비해서 24시간 동물병원의 위치와 연락처 등을 미리 파악해 두는 것이 도움이 됩니다.

애완견의 나이 계산법

평균 수명이 사람의 1/5 밖에 되지 않는 반려동물의 시계는 사람보다 빠르게 돌아갑니다. 즉, 사람보다 5배 정도 빠르게 나이가 든다는 말이지요. 예를 들어 우리 집 반려동물이 6살이라면 사람 나이로는 40대에 해당합니다.

태어나서 6살까지는 더 빠르게 나이가 들어 반려동물의 1년이 사람의 7년에 해당됩니다. 6살 이후에는 속도가 좀 느려져 1년이 사람의 4년에 해당됩니다. 또한 이 속도는 강아지의 크기에 따라 조금씩 차이가 있는데, 보통 소형견보다는 대형견의 수명이 약간 짧은 편입니다.

아래의 표는 강아지의 나이를 사람 나이로 환산한 표입니다. 7년령부터는 중년에 들어서는 나이이기 때문에 건강관리에 신경 써야 합니다.

반려동물의 나이	사람 나이		
	소형견 0.5~10kg	중형견 10~20kg	대형견 20~40kg
1	7	7	8
2	13	14	16
3	20	21	24
4	26	27	31
5	33	34	38
6	40	42	45
7	44	47	50
8	48	51	55
9	52	56	61
10	56	60	66
11	60	65	72
12	64	69	77
13	68	74	82
14	72	78	88
15	76	83	93
16	80	87	99
17	84	92	104
18	88	99	109
19	92	101	115

? 질문 있어요!

Q. 강아지는 몇 살까지 사나요?

A. 사람처럼 강아지들의 수명도 많이 늘어나고 있습니다. 실제로, 제가 처음 수의사 생활을 시작한 2000년만 해도 10살이 넘는 애들이 많지 않았는데, 최근에는 15살 되는 아이들도 심심치 않게 볼 수 있습니다. 몇 살까지 사는지에 대한 정확한 데이터는 나와 있지 않지만, 최근 수명은 보통 15살, 길게는 22~3살까지도 사는 아이들도 종종 있습니다. 당연한 이야기지만, 장수의 비결은 건강검진을 통한 질병의 조기 발견과 꾸준한 관리입니다.

증상으로 알아보는 애견의 질환

토해요

구토는 강아지들이 질병에 걸렸을 때 가장 일반적으로 보이는 증상 중 하나입니다.

강아지들은 전염병, 이물 섭취, 음식, 스트레스, 질병(위염, 헬리코박터, 췌장염, 신부전, 종양) 등 여러 가지 이유로 구토를 합니다. 워낙 원인이 다양하기 때문에 단순하게 구토의 정보만을 가지고 진단하거나 병명을 확인할 수는 없습니다.

🐶 구토의 원인

- 신경성(스트레스, 습관성 구토 등)
- 소화기(위장관 내 이물, 염증, 폐색, 종양 등)

- 간, 담도, 췌장(간염 · 간경화 · 간의 종양 등의 간기능 부전, 담도염 · 담도 폐색 · 종양 등의 담도 질환, 췌장염 · 췌장의 종양 등의 췌장 질환)
- 종양(기타 전신의 종양)
- 신경계(뇌종양, 뇌염, 전정기관의 질환)
- 호르몬 질환(당뇨, 부신피질, 갑상선 등)
- 전염병(바이러스성 장염, 세균이나 곰팡이 감염)
- 비뇨기(신부전, 신장 · 방광 · 요도 등의 종양, 염증 · 폐색 등의 질환)
- 기타(전신의 염증, 패혈증, 중독 등)

 진단과 치료는?

| 기본 검사

신체검사, 혈액검사, 방사선, 초음파 검사 등을 통해 탈수 여부, 전신 컨디션, 기본적인 간, 신장의 기능이나, 위 장관 내 이물 여부를 확인합니다.

| 전염병 검사

접종이 완료되지 않은 아이들의 경우 전염병 검사를 통해 전염병 감염 여부를 확인합니다.

추가 정밀검사

의심되는 소견들이 있을 경우 췌장염 검사, 호르몬 검사 및 위장관 조영검사, 내시경 검사 등이 필요할 수 있습니다.
종양이 의심되거나 뇌 쪽의 문제가 의심될 경우 CT, MRI 등의 정밀 영상진단 검사가 필요할 수 있습니다.

치료 방법

구토가 심한 경우 체내에 수분이 부족하여 탈수상태가 됩니다. 탈수를 교정하기 위해 수액 치료와 함께 필요할 경우 항생제, 항구토제 등의 대증치료를 먼저 실시합니다. 대부분의 가벼운 위장관 질환(예 음식이나 스트레스 등으로 발생한 소화기 증상)은 대증치료만으로도 3~5일 이내 좋아지는 경우가 많습니다. 그러나 중증질환으로 인한 경우 근본적인 원인이 치료되지 않으면 증상이 개선되지 않습니다. 증상이 오랫동안 지속되는 경우에는 원인을 진단한 후에 그에 따른 치료가 추가적으로 필요합니다.

주의사항

- 3개월 미만의 어린 강아지들은 쉽게 탈수가 되거나 저혈당이 생길 수 있습니다. 구토를 한다면 바로 병원에 가는 게 좋습니다.
- 하루에 3회 이상 구토를 하거나, 일주일에 2회 이상 구토를 할 경우에는 기저질환이 있는 경우가 많습니다. 지속적으로 관찰되면 정밀검진을 받아보시는 것이 좋습니다. 특히 노령동물의 경우 더욱 주의해야 합니다.

건강한 아이들의 경우 한두 번의 구토만으로 큰 이상이 생기지는 않습니다. 공복 시에 또는 스트레스로 인한 단발성 구토증상일 수 있으니, 한두 번 구토할 경우에는 아래의 방법으로 먼저 관리해 주세요.

1. 구토 후에는 일단 금식 · 금수해 주세요.
2. 6시간 정도 후까지 구토가 없다면 물을 소량 급여합니다.
3. 물을 먹고 한 시간 후까지 구토가 없다면 소화되기 쉬운 처방식 사료나 평소 먹는 사료를 소량 급여합니다.
4. 그 후에도 구토가 없다면 1~2일에 걸쳐 조금씩 사료량을 늘려서 정상 급여량까지 늘려 줍니다(이 기간 내에는 구토를 유발할 수 있는 간식이나 사람 음식, 과식 등을 삼가야 합니다).

이렇게 했는데도 지속적으로 토한다면 병원에 가는 게 좋습니다.

질문 있어요!

Q. 우리 강아지는 노란색 액체를 매일 아침에 토해요! 다른 건 다 멀쩡한데요?

A. 노란색 액체는 위액입니다. 공복시간이 너무 길어지게 될 경우 몸에서 일정시간에 나오는 위액으로 인해 자극이 되서 구토를 하게 됩니다. 다른 컨디션은 너무 건강한데 아침에 구토가 있다면 공복시간을 줄일 필요가 있습니다. 저녁을 조금 늦게 주시거나, 주무시기 전에 사료를 조금 줘보세요. 그래도 개선이 안 된다면 수의사 선생님과 상의하에 위 보호제 등을 처방받아 먹이면 도움이 됩니다.

2
설사를 해요
(혈변)

설사는 강아지들이 질병에 걸렸을 때 가장 일반적으로 보이는 증상 중 하나입니다. 과식을 하거나 먹는 음식의 종류에 따라 일시적으로 변이 물러질 수는 있습니다. 하지만 심하게 물설사를 하거나 혈변을 보는 경우에는 빠른 치료가 필요할 수 있습니다.

설사(혈변)의 원인

- 음식을 잘 못 먹거나 과식, 소화불량, 스트레스 등으로 나타날 수 있습니다.
- 바이러스, 세균 등의 전염병, 기생충 관련의 위장 질병에도 설사 증상이 나타납니다.
- 위장관계의 폐색을 일으킬 수 있는 질환(장 중첩, 종양, 이물)의 경우에도 나타납니다.
- 췌장염, 췌액 부족성 질환, 췌장의 종양의 경우에도 나타납니다.

- 위장관 이외의 장기의 질환(예 신부전, 간염, 담도질환 등)의 경우에도 나타납니다.
- 호르몬이나 내분비계 질환 등으로 나타날 수 있습니다.
- 기타 패혈증, 전신 염증성 질환, 중독 등의 경우에도 설사가 나타납니다.

금식하는 중에도 반복해서 설사 증상을 보인다면 바로 동물병원에 데리고 가야 합니다.

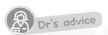

다음과 같은 경우에는 바로 병원으로!!
- 3개월령 미만의 강아지인 경우
- 하루에 3회 이상 설사를 반복하는 경우
- 설사가 이틀 이상 지속되는 경우
- 형태를 전혀 알아볼 수 없는 물설사를 하는 경우
- 혈변이나 흑변을 보는 경우

진단과 치료는?

신체검사, 분변검사, 방사선 검사, 혈액검사 등을 먼저 실시하고, 의심되는 소견이 있을 경우 초음파, 조영검사 등을 실시합니다. 위장관 이외의 질환이 의심되는 경우 해당 장기의 이상을 확인하기 위한 검사가 필요합니다.

구토와 마찬가지로 심한 설사의 경우에도 탈수와 전해질 불균형이 나타날 수 있습니다. 이를 교정하기 위한 수액치료와 함께 감염을 치료하기 위한 항생제 치료가 필요할 수 있습니다. 일반적인 경우라면 대증치료로 좋아지지만, 다른 원인이 있는 경우 이를 먼저 확인하고 치료해야 합니다.

설사가 자주 재발되는 아이들은 장내 환경을 좋아지게 하기 위한 고섬유질 식이, 위장관 관련 처방식이나 유산균 등을 지속적으로 먹이는 게 도움이 됩니다.

 Dr's advice

자꾸 재발되는 고질병! 세균성 설사

나이도 어리고 잘 먹고 컨디션도 좋은데, 자꾸 설사를 하는 아이들이 있습니다. 병원 가서 치료받고 약 먹으면 좀 괜찮다 싶다가도 자꾸 재발하는 아이들이 있는데요, 이런 경우는 세균성 설사인 경우가 많습니다. 특히 클로스트리듐이나 캠필로박터와 같이 병원성 세균의 경우 장내에서 잠복해 있다가 아이가 스트레스 받거나 컨디션이 좀 안 좋다 싶으면 증식하기 때문에 완치도 잘 되지 않고, 재발하는 경우가 많습니다. 이러한 세균들은 흙과 같은 오염된 환경에서 감염되는 경우가 많기 때문에 산책 시 주의하는 게 좋습니다. 특히 어린 아이들은 더욱더 신경 써주세요!

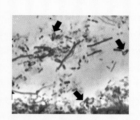

현미경으로 관찰되는 설사를 유발하는 세균들. 테니스 라켓 모양이 특징인 클로스트리듐 세균이 관찰된다.

완치가 잘 되지 않고 재발되기 때문에 평소에 꾸준히 건강한 장내 환경을 만들어 주는 게 중요합니다. 위장관 기능에 도움이 되는 처방식 사료를 주시거나 강아지 전용 유산균으로 장내에 건강한 세균은 늘려 주고 유해세균은 줄여주는 게 키포인트랍니다!

변을 며칠째 보지 못해요

강아지도 변비에 걸릴 수 있습니다. 강아지들은 보통 1일 1회 이상 배변하는 것이 정상인데, 3일 이상 변을 보지 못한다거나 식욕부진, 구토 등의 증상을 동반할 경우에는 치료가 필요할 수 있습니다. 변비가 지속하면 식욕 감소, 기력 저하, 장내 세균증식으로 인한 감염, 거대 결장 등 다른 전신 증상들을 동반할 수 있기 때문에 빠른 처치가 중요합니다.

변비의 원인

- 섬유소가 부족한 식습관, 수분 섭취 부족
- 이물, 장의 염증 및 종양, 거대 결장 등의 위장관계 질환
- 직장을 압박하는 다른 장기의 질환(예 전립선 비대, 질의 종양 등)
- 자율신경계 질환(장 운동성 감소)

 진단과 치료는?

- 방사선 검사를 통해 체내에 변의 양을 파악
- 필요할 경우 혈액검사, 초음파 등의 검사를 통해 위장관의 상태와 주위 다른 장기의 상태를 평가
- 변비가 심할 경우에는 관장을 통해 먼저 변을 제거해 줘야 합니다. 그 후에 식이 관리, 수분량 조절, 수액 등의 대증치료 및 관리가 지시됩니다. 식습관 문제로 인한 변비의 경우 금방 개선되는 경우가 많지만, 직장을 압박하는 다른 원인들이 있을 경우 그 원인에 대한 근본적인 치료가 선행되어야 합니다.

Dr's advice

집에서의 변비 관리
- 섬유소와 수분을 충분히 공급해 주세요! 섬유소 공급을 위해 처방식이나 간식으로 양배추 등의 야채류를 충분히 주시는 것이 좋습니다.
- 배 마사지 : 뒷다리 안쪽 배를 따뜻하게 살살 마사지해 주세요. 장의 운동성을 증가시켜 배변을 도와줍니다.
- 운동량을 늘려 주세요. 산책 등의 가벼운 운동 또한 장운동을 촉진시켜 줍니다.

변에서 기생충이 나왔어요

강아지와 실내에서 같이 지낼 경우 중요하게 관리해야 할 부분입니다.

요즘에는 좋은 구충제도 많이 나오고, 위생 관리를 잘 해줘서 예전처럼 기생충에 감염된 강아지들이 별로 없습니다. 다만 야외 생활을 많이 하거나 바닥에 떨어진 것을 많이 먹는 강아지들의 경우 기생충 감염에 노출되기 쉽습니다. 또한 분양을 위해 농장이나 보호소와 같이 공동사육을 하는 환경에서는 감염될 가능성이 높습니다.

🐶 이럴 때는 위장관 기생충 감염을 의심하세요!

- 변으로 나오거나 구토로 기생충이 나오는 경우
- 잘 먹는데도 살이 찌지 않고, 계속 배고파 할 경우
- 엉덩이를 심하게 끌고 다니는 경우

아주 심각한 감염의 경우 복수가 차거나 다른 장기에 영향을 줄 수도 있습니다. 기생충이 확인되면 동물병원에 데리고 가셔서 진찰받으신 후 기생충약을 먹여 주시면 됩니다. 다른 질환이 있는 경우 주의해서 먹여야 하며, 체중보다 많은 양의 약을 먹이면 위험할 수 있습니다.

변을 먹어요

강아지들이 자신의 똥이나 다른 동물들의 똥을 먹는 것을 '식분증'이라고 합니다. 강아지를 자식처럼 키우시는 보호자 분들 입장에서는 똥을 먹는 행위가 여간 스트레스가 아닐 겁니다. 이해하기 힘드시겠지만 강아지들 사이에선 이런 식분증이 흔한 일입니다. 보통은 성장하면서 자연스럽게 고쳐지는 경우가 많습니다. 하지만 몇몇 강아지들은 나이가 들면서도 계속해서 똥을 먹는 행동을 보일 때가 있습니다. 왜 그럴까요?

🐶 식분증의 원인은?

정확한 원인은 밝혀진 바가 없지만 추정되는 몇 가지 학설이 있습니다.

- 어미가 강아지 주변을 깨끗이 하기 위해 강아지들의 변을 먹어 버리는 경우가 있는데, 이러한 어미의 행동을 강아지들이 옆에서 보면서 배우는 경우
- 스트레스를 받을 때
- 식이조절 실패(사료량 조절 실패, 부적절한 사료 등)로 인해 신체 내 영양공급의 불균형이 발생한 경우
- 건강상의 질환
- 변속에 있는 다량의 단백질 성분에 의해 똥이 맛있을 때
- 똥을 먹는 행위에 대한 보호자들의 잘못된 행동
  (과도하게 화를 내거나 체벌을 하게 되면 왜 혼나는지는 모른 채 스트레스로 인해 증상이 심해질 수 있습니다.)

🐶 진단과 치료는?

식분증은 의학적인 부분과 행동학적인 부분으로 접근하여 치료할 수 있습니다.

▌의학적인 측면!

변의 양상(흑변, 무른변, 혈변 등등), 강아지의 이상 증상(구토, 기력저하) 등의 문제가 발견될 경우 단순한 행동문제로만 접근해서는 안됩니다. 소화기능을 떨어뜨리는 위장관 질환이 있지는 않은지 병원에서 검사받아 보는 것이 좋습니다.

행동학적인 측면!

행동학적인 문제는 단시간에 해결되지 않습니다. 교정을 위해서는 끊임없는 노력과 인내심이 필요합니다.

- 똥은 맛없게! 다른 맛있는 음식을 찾아주기!

  똥을 맛없게 만들기 위해서는 이전에 먹어 왔던 사료보다 낮은 단백질 성분의 사료로 바꿔주는 것입니다. 이렇게 하면 똥의 단백질 함량이 낮아져서 기호성이 떨어집니다. 또한 똥보다 더 맛있는 음식이나 간식으로 강아지의 관심을 끄는 것도 좋은 방법입니다.

- 사료량을 조절해 주세요!

  사료량이 너무 많아도, 너무 적어도 식분증을 유발할 수 있습니다. 수의사와 상의하에 강아지의 체격, 상태 등을 고려하여 적정한 양을 결정해 주세요.

- 똥은 바로 치워 주기!

  똥에 접근할 기회를 없애 버리는 것입니다. 하지만 언제 배변활동을 할지 하루 종일 지켜보기는 쉽지가 않습니다. 그래서 가능한 규칙적인 식사를 주시는 것이 좋습니다. 그러면 강아지들이 변을 보는 타이밍을 어느 정도 예측할 수 있습니다.

- 똥에 부비트랩(?) 설치하기!

  똥에 강아지들이 싫어할 만한 향이나 맛을 넣어서 똥을 싫어하게 만드는 것입니다.

- 똥을 먹는 것을 발견했을 때는 무시하기!

   눈앞에서 똥을 먹는 모습을 발견했을 때는 철저히 무시해 주세요. 주인에게 사랑받고 싶어 하는 강아지들은 이러한 무시를 당했을 때 주인이 좋아하지 않는 행동임을 깨닫게 됩니다. 과도하게 혼내거나 놀라는 행동은 스트레스를 받거나 재미있어 할 수 있기 때문에 역효과입니다.

- 똥을 보고도 안먹을 때는 마구 칭찬해 주기!

   똥을 보고도 먹지 않을 때는 즉시 칭찬을 해주거나 맛있는 사료 또는 간식을 주는 행동을 반복해서 똥을 먹지 않으면 이런 상을 받을 수 있다는 사실을 깨닫게 해주어야 합니다. 간단한 훈련이 되어 있는 강아지라면 똥을 먹으려 할 때 훈련된 명령어(앉아! 손!)를 단호하게 얘기해 주고, 말을 들으면 즉시 칭찬을 해줍니다.

식분증은 강아지들에게 자연스러운 행동일 수 있지만, 변 내의 기생충 및 해로운 물질들로 인해 건강을 해칠 수도 있습니다. 또한 한번 완전하게 고쳐 주면 거의 다시 나타나지 않기 때문에 꼭 교정해 주시는 것이 좋습니다.

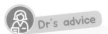
Dr's advice

모든 행동 교정이 그러하지만, 특히 똥을 먹는 행동을 교정해야 할 때는 사람이 항상 집에 있어야 합니다. 교정을 위해서는 배변을 본 후 바로 똥을 치워 버리고 관심을 다른 데로 돌려주는 것이 매우 중요하기 때문입니다. 사람이 집에 없을 경우에는 아이들이 똥에 접근하는 것을 막을 수가 없기 때문에 훈련이 되지 않습니다. 사람이 항상 함께하면서 훈련할 수 없다면 일정 기간 동물병원이나 애견 유치원 등에 위탁해서 행동을 교정하는 것이 도움이 됩니다. 어린 아이들의 경우 일정 기간 반복 훈련해서 교정하면 나중에는 똥에 대한 관심과 흥미가 떨어져서 바로 치우지 않아도 먹지 않게 되는 경우가 많습니다.

똥을 먹는 행동에 대한 잘못된 상식!

• 사료에 첨가물을 넣으면 똥에 대한 기호성이 떨어진다?

간혹 사료에 조미료 등의 첨가물을 넣으면 똥이 맛이 없어지게 된다는 말을 듣고 물어보시는 보호자분들이 있습니다. 일단, 똥은 원래 맛이 없습니다! ^^;; 똥이 맛있어서 먹는다기보다는 똥에 대한 관심이나 흥미, 똥에 남아 있는 사료 성분 등이 원인이기 때문에 똥을 맛없게 만들 필요는 없습니다. 또 실제로 첨가물이나 조미료를 똥에 넣는다고 해도 똥의 맛(?)이 변한다는 과학적인 근거도 부족하답니다. 똥에 대한 흥미를 없애 주는 행동 교정, 사료 양의 조절이나 질환의 치료가 근본적인 해결방법입니다.

• 코를 똥에 들이대면서 혼을 낸다?

역효과입니다. 이런 방식으로 혼을 내면 아이들은 왜 혼이 나는지도 모를 뿐더러 오히려 관심으로 느끼거나 스트레스를 받아서 더 심하게 먹을 수도 있습니다. 가장 하지 말아야 할 행동 중 하나입니다.

6
소변에서 피가 보여요

소변 끝에 혈액이 한두 방울 떨어짐

혈액이 소변에 섞여 나옴

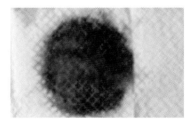

용혈된 혈액이 소변에 섞여 갈색뇨로 보임

오줌에서 피가 섞여서 나오거나, 갈색의 소변을 보는 경우가 있습니다. 이런 증상을 '혈뇨'라고 하는데요, 혈뇨는 주로 비뇨기계의 질환이나 전신질환의 증상 중 하나로 나타날 수 있습니다.

🐶 혈뇨의 원인은?

▌양파를 먹었을 때

양파 속에 있는 알릴 프로필 다이설파이드(ally propyl disulfide)라는 성분이 강아지의 적혈구를 파괴하여 빈혈이나 혈뇨 등의 증상을 일으킵니다. 양파를 먹은 것이 확인되면 바로 동물병원에 데리고 가서 검사와 치료를 받아야 합니다.

▌면역 매개성 용혈성 빈혈

자기 몸의 적혈구를 스스로 파괴하는 질병입니다. 면역기전에 의해서 나타나는 질병이며, 혈뇨, 빈혈, 기력저하 등의 증상을 보입니다. 그냥 두게 되면 빈혈에 의해서 쇼크가 일어날 수 있으므로 즉시 검사 및 치료를 해줘야 합니다.

▌간이나 비장의 이상

중독물질을 먹었거나 종양이나 염증 등의 의해서 간, 비장 등이 손상된 경우 혈뇨가 나타날 수 있습니다.

┃비뇨기 질환(신장, 방광, 요도, 요관)

비뇨기의 염증이나 결석, 종양 등의 질환에 의해서 혈뇨가 나타날 수 있습니다.

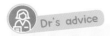

자궁 분비물과 혈뇨를 혼동하지 마세요!
자궁축농증이나 질염과 같이 자궁에서 출혈성 분비물이 나오는 경우가 있습니다. 이 또한 생식기에서 나오다 보니, 또 어떤 경우에는 소변을 볼 때 묻어서 나오다 보니 혈뇨와 헷갈리는 경우가 있습니다. 자궁의 분비물은 좀 더 농성인 경우가 많기 때문에 육안으로도 구분하기가 쉽지만, 방사선과 초음파와 같은 검사를 통해 정확히 감별 진단하는 것이 필요합니다.

진단과 치료는?

기본적으로 방사선 검사, 초음파, 소변검사 등을 통해 비뇨기의 염증이나 종양, 결석 여부를 진단합니다. 용혈성 빈혈, 간이나 비장의 이상 등을 평가하기 위해 혈액검사를 진행합니다.

검사 후에는 원인에 따라 내·외과적 치료가 지시됩니다.

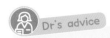
비뇨기 결석

비뇨기를 구성하는 신장, 방광 등에 결석이 생기는 것을 비뇨기결석이라고 합니다. 주로 신장과 방광에 결석이 생기고, 이것이 이동하다가 요관이나 요도에 걸리기도 합니다.

결석이 발생하는 원인은 주로 식습관, 방광이나 신장의 염증, 유전적 소인, 선천성 질환 등에 의해 발생합니다. 결석이 발생할 경우 혈뇨, 배뇨곤란 등의 증상을 보이며, 가장 보편적이고 효과적인 치료는 수술로

[결석 방사선] 방사선 검사에서 방광 내에 있는 결석(흰 동그라미)과 요도 내에 있는 결석(노란 동그라미)

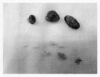

수술 후에 제거된 결석

제거하는 것입니다. 방광의 경우 수술로 제거하기가 가장 수월한 부위이지만 신장, 요관, 요도의 경우에는 수술 후 후유증이 남을 수 있으니, 담당 수의사와 상의하에 신중하게 결정하시는 것이 좋습니다.

또한 재발이 되기 쉽기 때문에 평생 꾸준한 관리가 중요합니다.

가장 중요한 관리법은 "물을 많이 마시게 하라!"는 것입니다. 음수량이 많으면 배출도 빠르고 신속하게 이루어지기 때문에 결석 발생률도 감소됩니다. 그 외에 염증을 치료하기 위한 약물치료, 비뇨기에 도움이 되는 보조제나 처방식 등으로 관리하시는 것도 도움이 됩니다.

소변에서 냄새가 심해요

정상적인 소변은 우리가 흔히 알고 있는 소변 냄새가 날 수 있습니다. 하지만 감염이나 전신적인 질환이 있는 경우 소변에서 심한 냄새가 날 수 있습니다.

 소변냄새가 심한 원인

| 물을 많이 마시지 않아서 농축된 소변이 나오는 경우

평소에 물을 많이 마시지 않거나, 환경적인 이유로 정상적인 수분 공급이 되지 않았을 때 농축된 소변이 나올 수 있습니다. 이런 소변은 색이 진하고, 일반 소변 냄새와 유사하지만 더 강한 냄새가 날 수 있습니다. 다른 컨디션이 양호하다면 충분한 수분 공급 후에 증상이 개선되는지 확인해 봐야 합니다.

▍방광염인 경우

정상적인 방광과 소변에는 세균이 있으면 안 됩니다. 하지만 여러 가지 원인에 의해서 방광의 환경이 좋지 못할 경우에는 세균감염이 일어날 수 있습니다. 세균이 증식하고 대사하는 과정에서 나오는 대사산물과 손상된 방광으로 인해 일반 소변 냄새와는 다른 강한 악취가 날 수 있습니다. 어떤 분들은 상한 오징어 냄새 같다고 말씀들 하십니다.

▍전신 질환의 경우(신장, 간질환, 당뇨 등)

신장이나 간 손상, 당뇨 등의 질환이 있는 경우 독특한 소변 냄새가 나기도 합니다. 어린 강아지보다는 나이가 어느 정도 있거나 독성이 있는 음식이나 약물들을 먹은 아이들에게 나타날 수 있습니다.

🐶 진단과 치료는?

소변에서 냄새가 심할 경우 소변검사를 통해 감염이나 당뇨, 농축뇨 등을 평가합니다. 추가적으로 전신의 기능평가를 위한 혈액검사, 방사선, 초음파 검사 등이 필요할 수도 있습니다.
치료를 위해서는 근본원인을 치료하여 소변 내의 감염이나 이상성분들을 줄여주는 것이 중요합니다.

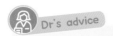

방광염

반려동물의 질환 중 가장 많이 발생하는 것이 방광염입니다. 방광염에 걸리면 소변에서 냄새가 심해지고, 소변색이 혼탁해지거나 혈뇨를 보는 경우도 있습니다. 방광염의 원인으로는 세균 등의 감염성 방광염이 제일 많지만, 간혹 결석이나 다른 원인에 의해서 발생하는 무균성 방광염도 볼 수 있습니다. 방광염을 방치하면 결석, 종양, 패혈증 등을 야기할 수 있기 때문에 발견 즉시 치료해 주는 것이 좋습니다. 항생제 등의 약물 치료를 기본으로 물을 많이 급여하여 소변 배출을 원활히 해주고, 크랜베리 등의 성분이 들어간 천연 보조제를 급여하는 것도 좋은 방법입니다. 재발이 잘되는 질환이기 때문에 꾸준한 모니터링도 필수!!

물을 많이 마시고 소변량이 많아요

(다음 · 다뇨)

평소보다 굉장히 물을 많이 마시는 경우(2배 이상), 특히 소변량도 정상보다 많이 증가한다면 질병을 의심해 볼 수 있습니다. 신장에 문제가 있거나 당뇨병, 부신피질 항진증과 같은 호르몬 질환인 경우가 많습니다. 정상인 아이들도 운동을 심하게 하거나 날씨가 더울 경우 수분 손실량이 많아서 음수량이 늘어날 수 있습니다. 단, 이런 경우에는 소변량의 변화가 없다는 것이 차이점이 있습니다.

🐶다음 · 다뇨의 원인

- 신장질환
- 간질환
- 호르몬 질환(당뇨, 갑상선, 부신피질 호르몬)
- 전해질 불균형
- 자궁축농증

▎1일 수분 필요량

체중	총량	ml/kg
1	140	140
2	232	116
3	312	104
4	385	96
5	453	91
10	752	75
20	1247	62
30	1677	56
40	2068	52

가장 기본적인 수분 필요량입니다. 운동을 하거나 날씨 등에 따라 변할 수 있긴 하지만, 기본적인 최소 필요량이므로 참고하시기 바랍니다.

강아지의 일일 소변량은 정상적인 경우 하루에 40~60ml/kg 정도입니다. 이 역시 외부환경에 따라 달라질 수는 있습니다. 그러나 하루에 100ml/kg 이상의 소변이 나온다면 질환을 의심해 봐야 합니다.

다음·다뇨가 의심될 때는 먼저 소변검사를 통해 요비중, 당뇨 여부 등을 평가합니다. 기본 혈액검사 및 방사선, 초음파 검사 등을 통해 신장이나 간 등의 기능 및 구조를 평가하고, 필요할 경우 호르몬 검사, 뇨단백 검사 등의 추가 검사를 실시할 수 있습니다.

다뇨를 일으키는 질환들은 대부분 완치가 힘들고 평생 관리가 필요한 경우가 많습니다. 담당 수의사와 진단 및 향후 관리에 대한 많은 상담이 필요합니다.

당뇨가 의심될 경우 혈액검사 및 뇨검사를 통해 당뇨병을 진단할 수 있습니다. 진단 후에는 입원하면서 인슐린을 투여하고 혈당이 어떻게 조절되는지 관찰해야 합니다. 그렇게 해서 적절한 인슐린 투여량이 결정되면 퇴원 후 집에서 인슐린 주사를 맞으면서 식이관리를 시작합니다. 정확한 식사시간과 식사량, 인슐린 투여량 등을 엄격히 지켜주는 것이 중요합니다. 관리가 되지 않아 고혈당이나 저혈당이 유발될 경우 생명이 위험할 수도 있습니다.

당뇨병

당뇨는 생각보다 강아지에게 흔한 질병입니다. 특히 노령의 비만한 아이들이 많이 걸리는 질병이지요. 어느 순간 생각보다 물을 많이 먹고, 오줌을 많이 싼다거나 급격하게 기력이 없어 보인다면 당뇨를 의심해 봐야 합니다.

당뇨의 대표적인 증상은 다음과 같습니다.
  1. 밥을 먹어도 체중이 빠집니다.
  2. 물을 많이 마시고, 소변을 많이 봅니다(다음 · 다뇨).
  3. 당뇨성 백내장이 오기도 합니다.
  4. 컨디션 저하와 구토 등의 소화기 증상이 올 수도 있습니다.
  5. 간과 신장 등 장기에도 영향이 미칠 수 있습니다.

부신피질 기능 항진증(쿠싱증후군)

부신피질 기능 항진증이란, 콩팥 옆 작은 기관인 부신 또는 이를 조절하는 뇌하수체에 종양이 생겨서 부신피질에서 분비되는 스테로이드 호르몬이 과도하게 분비되는 질환입니다. 이 호르몬은 신체의 다양한 기관(피부, 비뇨기, 심혈관계 등)에 작용하여 악영향을 끼치게 되고, 여러 가지 합병증을 유발하게 됩니다. 노령견에서 많이 발생하며 시추, 푸들, 요크셔 테리어, 말티즈 등 우리나라에서 인기 있는 소형 품종에서 다발합니다.
쿠싱증후군인 경우 비만(특히 복부 비만), 탈모, 피부병, 식욕 증가, 다음 · 다뇨, 결석, 심장병 등등 복합적인 증상들이 나타나서 한번에 온 몸이 종합병동이 되어 버립니다. 기본 혈액검사와 부신의 크기를 평가하기 위한 방사선 및 초음파 검사, 호르몬 검사를 통해 진단할 수 있으며, 치료는 호르몬을 억제하는 약물을 투약하며 평생 관리하게 됩니다. 완치가 힘들지만, 꾸준히 관리한다면 증상이 완화되고 삶의 질이 훨씬 높아지게 됩니다.

소변을 시원하게 못 봐요

(무뇨 or 흘리고 다니는 증상)

소변을 시원하게 못 본다는 것은 크게 두 가지로 나눌 수 있습니다. 방광에서 배출이 잘 안되는가? 신장에서 소변이 안 만들어지는가? 두 가지는 전혀 다른 경우이기 때문에 나눠서 생각해 보겠습니다.

🐶 방광에서 배출에 문제가 있을 경우

주로 요도나 방광 입구 등 소변의 배출로에 문제가 있을 경우입니다. 이로 인해 방광 확장, 배뇨 곤란(배뇨할 때 오래 걸리거나 통증 호소), 배뇨실금 등의 증상이 나타날 수 있습니다.

원 인

- 방광 입구의 종양이나 염증으로 인한 점막 비후
- 방광 내 부유물
- 방광 및 요도의 결석
- 방광 파열
- 요도의 폐색(요도 종양이나 남자아이들의 경우 전립선 비대로 인해 발생)
- 요도의 기형(이소성 요도)
- 척수신경의 손상

배출이 계속 잘 안 될 경우 통증이 심하고 신장까지 손상시킬 수 있기 때문에 증상이 있을 경우 바로 병원에 가야 합니다.

신장에서 소변이 안 만들어질 경우

급성신부전의 경우 신장에서 소변을 만들어 내지 못하게 됩니다. 이런 경우에는 몸 안의 독소가 쌓여 치명적인 결과를 초래할 수 있기 때문에 빠른 응급처치가 필요합니다.

급성신부전의 원인

- 중독(자동차 부동액, 백합과 식물, 포도 · 건포도)
- 약물 과용(신독성이 있는 항생제 또는 소염제의 과용)
- 감 염
- 심한 저혈압(탈수, 열사병, 벌에 쏘이거나 뱀에 물렸을 때 마취)

진단과 치료는?

방사선, 초음파 등의 영상검사를 통해 방광과 신장, 요도의 상태를 평가하고, 방광 내 소변이 얼마나 차 있는지 확인합니다. 혈액검사를 통해 배뇨곤란 시 발생할 수 있는 전해질 불균형, 콩팥 수치 등을 평가하고, 원인에 따라 조영검사나 CT 등의 추가 정밀검사가 필요합니다. 원인에 따라 내·외과적 치료가 지시됩니다. 중요한 것은 어느 경우이든지 배뇨를 잘 못한다는 것은 응급인 경우가 많기 때문에 확인 즉시 병원에서 검사 및 치료가 필요하다는 점입니다.

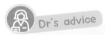 Dr's advice

신부전

우리 몸의 노폐물을 배출해 주는 신장의 기능이 망가지는 것을 신부전이라고 합니다. 신부전은 빠르게 진행되는 급성신부전과 천천히 진행되는 만성신부전으로 나눌 수가 있는데요, 급성신부전은 중독, 감염, 저혈압 등의 이유로 신장이 빠른 속도로 망가지는 것으로서 신장이 갑작스런 쇼크 상태에 빠지면서 오줌이 잘 안 만들어지는 경우가 많습니다. 손상 후 즉각적인 수액과 약물 치료를 통해 신장 기능을 최대한 회복시켜 주는 것이 중요합니다. 초기 응급처치가 잘 되지 않을 경우 생명이 위험할 수도 있습니다. 만성신부전은 나이에 따라 신장기능이 서서히 악화되는 경우가 많고, 급성신부전이 회복된 후에 후유증으로서 나타나기도 합니다. 만성신부전의 경우 뇨 생산은 가능하지만, 필요한 성분들을 재흡수하거나 오줌을 농축시키는 기능이 떨어지기 때문에 다뇨인 경우가 많습니다. 지속적으로 신장 기능이 떨어질 경우 서서히 노폐물들이 축적되어 구토, 설사, 혀의 괴사 등 요독증 증상이 나타나게 됩니다. 만성신부전은 치료를 통해 완치시킬 수 없기 때문에 최대한 진행을 늦추기 위한 관리가 중요합니다.

🐾 ⑩
눈곱이 끼고 충혈돼요

결막염

결막염은 안과질환 중 가장 많이 나타나는 질병입니다. 결막염은 단순히 결막이 자극되거나 감염되어서 나타나기도 하지만, 각막이나 포도막 등 결막 외 질환이 있을 때 동반되는 증상이기도 합니다.

🐶 결막염의 원인은?

- 결막의 자극
- 결막의 감염(세균, 기생충)
- 각막이나 포도막 등 결막 외의 질환
- 눈물양 부족

안충

안과 검진을 통해 각막이나 포도막, 망막 등 결막 외의 문제가 있는지 확인해 보고, 단순 결막염인 경우 눈세정제나 간단한 안약 등으로 개선될 수 있습니다.

또한 안충이라는 눈 안에 기생충이 있는 경우도 결막염을 유발하기 때문에 결막을 뒤집어서 안충 여부도 확인해 보는 것이 좋습니다. 안충이 있을 경우 일단 보이는 것은 다 제거하고 기생충 구제제와 안약으로 치료하면 됩니다.

각막궤양, 녹내장, 포도막염, 눈물양 부족 등의 안과질환이 있을 경우에는 결막염 치료만 해서는 개선되지 않기 때문에 정밀검진 후 근본원인을 치료해야 합니다.

Dr's advice

눈물양 부족(건성각결막염)?
눈물양이 부족한 질환을 건성각결막염이라고 합니다. 눈물양이 부족하게 되면 심한 눈곱이 끼면서 결막이 충혈되고, 심할 경우 각막이 손상될 수 있습니다. 눈물양이 부족한 이유는 눈물을 만드는 눈물샘이 파괴되었기 때문인데요, 눈물양을 측정하여 부족한 것이 확인되면 눈물샘의 파괴를 막아 주는 안연고와 안약 등으로 치료할 수 있습니다. 재발될 수 있기 때문에 꾸준한 관리가 필요합니다.

건성각결막염으로 안구건조와 심한 눈곱을 보이는 강아지

눈물이 너무 많이 흘러요

눈물 때문에 눈 주위 털이 착색된 모습

유루증이란 비정상적으로 눈물을 많이 흘리는 증상을 말합니다. 흐르는 눈물로 인해 눈 주위에서 냄새도 나고, 때때로 눈 주위가 발적되기도 하며, 특히 하얀색 강아지의 경우 눈 주위의 털이 갈색으로 변하기도 합니다.

🐶 유루증의 원인은?

- 눈을 자극하는 원인이 있을 때
  (예 눈꺼풀이나 속눈썹이 각막을 자극할 때, 이물이 들어갔을 때)
- 누관(눈물이 빠져나가는 관)이 막힌 경우
- 안과질환이 있는 경우

[누관 모식도] 눈꺼풀 안쪽에 눈물을 배출해 주는 누관 입구가 있고, 코까지 연결되어 눈물을 배출한다.

누관을 뚫어주는 모습

유루증은 눈물양을 측정해서 진단할 수도 있지만, 보통은 임상증상(눈 주위가 젖어 있거나, 착색되어 있는 정도)으로 진단하게 됩니다.

치료는 원인에 따라 달라지는데요, 안과질환이 있는 경우에는 그것을 치료해야 개선됩니다. 눈썹이나 눈꺼풀, 자극하는 이물 등이 있을 때는 눈썹을 제거하거나 눈꺼풀을 성형하여 눈을 자극하지 않게 해주고 이물은 제거해 주어야 합니다. 누관이 막힌 경우에는 누관을 뚫어 주는 시술이 필요할 수 있는데, 뚫어 준다고 해도 다시 막힐 가능성이 높은 편입니다.

Dr's advice

눈물은 투명한데 눈물에 젖은 털이 까맣게 되는 이유는? 관리법은?
개들의 눈물이나 침에는 포르피린(Porphyrin)이라는 성분이 있는데, 이것은 햇빛을 받게 되면 어둡게 착색을 일으킵니다. 따라서 눈물이나 침 등이 털에 계속 묻게 되면 어둡게 착색이 되고, 특히 하얀 개들 같은 경우에는 이것이 더 두드러지게 보이게 되지요.
또 젖은 부위가 세균이나 곰팡이 등에 감염이 되면 더 어두운 갈색으로 착색이 되고, 악취가 나기도 합니다.
착색되는 것을 줄이기 위해 중요한 것은 눈물양이 많은 원인을 파악하고 해결하는 것과 착색되기 전에 자주 닦아 주는 것입니다. 닦아 줄 때는 부드러운 솜 같은 것으로 1일 2~3회 닦아 주고, 눈 전용 세정제를 솜에 적셔 닦아 주는 것도 좋습니다. 간혹, 눈물양을 줄이기 위해 눈물샘을 절제하는 수술을 하거나 약이나 보조제를 먹이는 경우가 있는데, 후유증이 있을 수 있으므로 주의해야 합니다.

12

눈이 커졌어요

(녹내장)

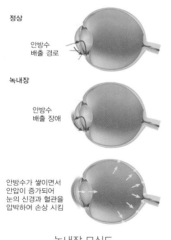

정상

안방수
배출 경로

녹내장

안방수
배출 장애

안방수가 쌓이면서
안압이 증가되어
눈의 신경과 혈관을
압박하여 손상 시킴

녹내장 모식도

강아지의 안구가 커지는 대부분의 원인은 녹내장입니다. 강아지의 눈이 팽팽한 풍선처럼 보이는 것은 그 안에 안방수라는 액체 때문인데요, 이 안방수의 생산과 배출에 문제가 생김으로써 안압이 올라갑니다. 안압이 올라가면 이로 인해 시신경과 망막이 눌리거나 혈액 공급에 장애가 생겨 심한 통증과 기능 이상을 유발할 수 있습니다. 응급상황으로 심하면 실명할 수도 있습니다.

🐶 녹내장의 원인은?

녹내장은 대부분 안방수의 배출 장애로 인해 발생합니다. 이는 유전적인 원인이나 눈의 외상성 손상, 수정체 탈구, 전안방 출혈이나 축농, 포도막염, 종양 때문에 발생합니다.

🐶 초기 증상을 알아보는 것이 중요!

녹내장으로 돌출되고 커진 안구

녹내장은 안구가 커졌을 때는 이미 상당히 진행되어 실명인 경우가 많기 때문에 초기 증상이 있을 때 병원에 가는 것이 중요합니다!

- 눈물을 갑자기 많이 흘린다.
- 눈곱이 많이 낀다.
- 눈이 빨갛게 보인다(결막의 심한 충혈).
- 눈이 파랗게 보인다(각막의 부종).
- 동공이 커져 있고, 빛에 반응이 별로 없다.
- 갑자기 잠을 많이 자고, 사람을 피하며 숨거나 만지면 싫어한다(통증).
- 안구가 커진다.

🐶 진단과 치료는?

안압 측정

녹내장을 진단하는 데 가장 중요한 것은 안압을 측정하는 것입니다.

- 15~25mmHg : 정상안압
- 25~30mmHg : 약한 안압상승
- 40mmHg : 응급상황이며 응급처치가 요구됨. 48시간 내 시력손상 가능성 있음

안압이 상승된 것이 확인되면 즉각적인 주사제 및 안약 치료가 필요합니다. 이러한 치료에 반응이 없을 경우 외과적인 방법을 사용하기도 합니다. 이미 실명한 상태에서 통증만 있는 경우 삶의 질을 높이기 위한 안구적출술이 권장되기도 합니다.

눈이 튀어나왔어요

교통사고나 타박상 등에 의해서 안구가 돌출되는 경우가 있습니다. 눈이 큰 시추, 퍼그, 페키니즈 등은 머리 쪽의 작은 충격만으로도 눈이 튀어나올 수 있기 때문에 특히 조심해야 하며, 나머지 품종도 충격으로 인해 발생할 수 있습니다. 아무 충격이 없었는데도 서서히 눈이 튀어나온다면 안구 뒤쪽의 종양이나 염증일 수 있습니다.

🐶 눈이 튀어나왔을 경우 응급처치 방법!

눈이 튀어나오게 되면 금방 각막이 손상될 수 있으므로 즉시 동물병원에 가야 합니다. 가는 동안에도 아래와 같은 방법을 통해 눈의 손상을 최대한 막아 줘야 합니다.

안와 내에 있는 안구가 밖으로 나오게 되면 첫째로 눈이 건조하게 됩니다. 생리식염수, 눈 세정제 등을 수시로 눈에 뿌려서 안구가 건조해지지 않게 해주는 것이 중요합니다. 또는 부드러운 솜에 식염수를 흠뻑 적셔서 안구에 얹은 채 병원으로 이동하는 방법도 좋습니다.

식염수로 흠뻑 적신 솜을 눈에 얹어 주기

병원에서의 치료는?

안구를 원위치에 넣어 주고, 눈꺼풀을 닫아서 재탈출 방지

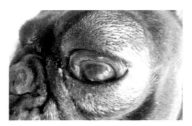

안구탈출 후 발생한 2차 손상

안압이 올라간 경우에는 안압을 줄이는 처치 후에 안구를 원위치에 수복시켜 주는 수술이 필요합니다. 또 안구탈출로 인한 2차적인 손상이 있는 경우, 녹내장, 수정체 탈출, 각막궤양, 포도막염, 망막박리 등의 심각한 안과질환이 발생할 수 있습니다. 안구의 손상이 심하거나 수복이 불가능할 경우에는 적출이 지시될 수 있습니다.

만성으로 안구탈출이 발생한 경우에는 초음파, CT 등의 검사를 통해 안구 후방의 종양이나 염증 여부를 확인하고 수술로 치료합니다.

외상성 안구탈출은 심한 안구손상을 야기하여 치료결과가 안 좋은 경우가 많습니다. 따라서 예방이 무엇보다 중요합니다. 특히 시추, 페키니즈, 퍼그 등의 눈이 큰 강아지들은 절대 뒤통수를 때리거나 충격을 주면 안 됩니다.

🐾⑭
눈동자(렌즈)가 하얘져요

렌즈가 하얗게 변하는 것은 흔히들 알고 계시는 백내장인 경우가 많습니다. 그 외에도 유사하게 보이는 원인으로서 핵경화도 있습니다. 백내장과 핵경화는 보기에는 유사하게 보이지만, 시력의 정도나 치료 여부에 큰 차이가 있습니다.

	백내장	핵경화
육안으로 봤을 때	수정체나 수정체 캡슐의 혼탁 (수정체 안의 단백질 변성) 수정체가 전체적으로 하얗게 변성	수정체 중앙에 오래된 섬유들이 밀집(노령성 변화) 수정체 중앙 부위에서부터 어두운 푸른빛의 안개처럼 보임
시력 여부	빛을 완벽히 차단 (시력상실)	빛을 완전히 차단하지 않음 (시력보존)
치료 방법	변성된 수정체를 제거하는 수술이 필요	치료가 필요하지 않음
2차적인 손상	포도막염, 각막 혼탁, 결막 충혈, 수정체 탈구, 통증 유발 가능	다른 손상을 유발하지 않음

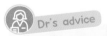 Dr's advice

백내장 수술하면 다 볼 수 있다?!
간혹 백내장 수술 후에도 시력이 회복하지 않는 아이들을 볼 수 있습니다. 이는 백내장 외에도 망막이나 시신경 등도 손상되었기 때문입니다. 이런 경우 하얗게 변한 렌즈를 제거한다고 해도 시력에 가장 중요한 망막과 시신경이 제 기능을 하지 못하기 때문에 시력을 회복할 수 없습니다. 따라서 백내장 수술 전에 망막과 시신경의 기능평가를 정확하게 하는 것이 중요합니다.

15
검은 눈동자가 뿌옇게 변했어요

각막의 궤양으로 뿌옇게 변한 검은 눈동자

검은자위가 전체적으로 뿌옇게 변하는 것은 각막의 손상을 지시합니다.
각막의 손상은 방치할 경우, 실명할 수도 있기 때문에 빠른 진단과 치료가 중요합니다.

🐶 각막이 뿌옇게 변하는 원인은?

각막은 상피, 간질, 내피층으로 나뉘어 있는데, 이 구조 중 일부가 손상되어 염증이나 부종이 발생하면서 뿌옇게 변하게 됩니다.

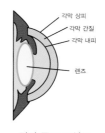

각막 상피
각막 간질
각막 내피
렌즈

각막 구조 모식도

- 각막궤양(가장 많은 원인, 주로 외상에 의해 발생)
- 각막염
- 각막이영양증 · 농양

 진단과 치료는?

원인에 따라 안약 등의 치료나 수술이 필요할 수 있습니다. 또는 각막 내피 쪽의 손상처럼 치료가 불가능한 경우도 있습니다.

각막은 피부나 다른 조직처럼 혈관이 발달되지 않아서 손상되면 쉽게 회복하지 못합니다. 가벼운 상처라고 해도 방치하면 심해질 수 있으므로, 각막에 이상이 발견되면 바로 병원에 가야 합니다.

Dr's advice

각막궤양이란, 각막이 긁히거나 상처가 나면서 궤양이 생긴 것입니다. 주 증상은 통증으로 인해 눈을 잘 뜨지 못하거나 눈물이나 눈곱이 많이 끼게 되고, 결막염, 충혈 등을 동반하게 됩니다. 또 눈을 자꾸 비비려고 할 수도 있습니다. 원인은 건성각결막염이나 안검염증, 안검이 내번되어 각막을 자꾸 자극하는 등의 안과질환이 원인이 되거나 각막의 외상이나 이물, 바이러스 감염 등의 외부적인 요소가 원인이 될 수 있습니다. 각막 형광

형광염색된 궤양 부위

염색법을 통해 궤양을 진단하고, 심하지 않을 경우 안약으로 치료합니다. 심할 경우 각막의 천공 등이 발생할 수 있기 때문에 수술적인 교정이 필요합니다.

🐾
그 밖에 눈 관련 질환

🐶 눈을 잘 못 떠요

애견 전용 눈세정액이나 식염수로 눈을 씻어내는 모습

눈을 잘 못 뜨는 것은 눈에 통증이 생겼기 때문입니다. 원인은 결막염, 각막궤양, 녹내장, 이물 등 통증을 일으키는 대부분의 안과질환이 해당됩니다. 억지로 눈을 뜨게 하지마시고, 가능하다면 눈세정제나 식염수로 자극되지 않게 세척해 주는 것이 좋습니다 (무리해서 닦아 내면 안 됩니다. 세척이 힘들 경우에는 동물병원에 바로 가는 것이 좋습니다). 가벼운 결막염이나 눈에 뭔가 들어갔을 경우에는 세척 후 좋아지는 경우가 많습니다. 하지만 세척 후에도 증상이 지속되거나 심해진다면 즉시 동물병원에 가야 합니다. 심각한 안과질환일 가능성이 높습니다.

🐶 눈을 깜박이지 않아요

눈을 깜박이지 못하는 것은 안과질환보다는 신경계 질환인 경우가 대부분입니다. 뇌, 안면 신경의 손상으로 이러한 증상이 나타납니다. 정확한 진단을 위해서는 신경계 검사와 뇌 MRI 검사 등이 필요합니다. 하지만 원인불명인 경우도 많기 때문에 유의해야 합니다. 신경을 자극할 수 있는 침 치료를 통해 증상을 개선할 수 있으나 원인에 따라서 회복을 못 하는 경우도 있습니다.

🐶 안 보이는 것 같아요(부딪히기, 멍때리기)

자꾸 멍하게 있거나 평소 잘 다니던 집에서도 자꾸 장애물에 부딪힌다면 시력 상실을 의심해 봐야 합니다. 빛은 눈을 통해 들어와서 수정체를 지나 제일 안쪽의 망막에 영상이 비쳐지고, 이러한 영상은 시신경로를 통해서 뇌에 전달됩니다. 그런데 이러한 구조 중 하나라도 문제가 생기면 시력을 잃게 됩니다.

▎시력상실의 원인

- 백내장
- 녹내장
- 뇌질환
- 망막박리 등의 망막 질환
- 시신경의 선천성/후천성 이상

종합적인 안과검사를 통해 안과 쪽 원인을 진단하고, 필요할 경우 뇌 MRI 검사 등으로 뇌의 이상을 확인해야 할 수 있습니다. 원인에 따라 약물, 안약, 수술적 치료가 지시됩니다. 하지만 망막이나 시신경의 손상인 경우 치료가 불가능할 가능성이 높습니다. 뇌 질환의 경우에도 치료가 어려운 경우가 많습니다.

귀에서 분비물이 나고 냄새가 나요

수직이도
수평이도
고막
내이
중이

귀 구조 모식도

강아지의 귀 구조는 사람과 다릅니다. 귀가 'ㄴ'자로 꺾여 있어 고막이 바로 보이지 않는 구조로 되어 있습니다. 또한 귀가 덮여 있고, 귀 안에 털이 있는 품종이 많기 때문에 곰팡이나 세균 등이 자라기 좋은 환경이 됩니다. 감염이 지속되면 분비물도 나오고, 귀 안쪽 피부가 붓거나 염증이 생기게 되며, 강아지는 냄새와 함께 가려움을 호소합니다. 이러한 증상을 '외이염'이라고 합니다.

외이염의 원인은?

- 감염(세균, 곰팡이, 귀진드기)
- 알레르기, 아토피
- 호르몬성 피부질환
- 이도를 폐색시키는 원인(폴립 등의 종양성 병변)

진단과 치료는?

검이경 검사

외이염의 경우 정확한 원인을 진단하는 것이 중요합니다. 우선, 분비물을 검사하여 감염이 있는지 확인하고, 검이경을 통해 이도의 상태를 체크해 보는 것이 좋습니다. 필요할 경우 알레르기나 아토피 소인이 있는지, 호르몬 질환이 있는지 체크해 봐야 할 수도 있습니다.

종양으로 인해 이도가 폐색되어 염증이 심해진 모습

수술을 통해 이도의 종양을 제거하고 이도의 환기를 개선해 준 모습

원인에 따른 치료를 하면서 동시에 귀의 상태를 개선시키기 위한 귀 치료가 필요합니다. 정기적으로 귀를 세정하고 항생, 소염연고 등을 귀에 도포하여 감염을 줄여 주는 것이 좋습니다. 치료가 된 후에도 재발되는 경우가 많기 때문에 일상생활에서도 꾸준히 귀 청소와 관리를 해주시는 것이 필요합니다. 특히 목욕 시 귀 안쪽에 물이 들어가지 않도록 주의해야 합니다.

귀 치료에도 불구하고 회복되지 않거나, 계속 재발되는 경우 또는 귀 안에 종양이나 폴립 등으로 인해 이도가 폐색된 경우에는 귀의 환기를 개선시켜 주기 위한 수술이 도움이 될 수 있습니다.

귀에 멍울이 잡혀요

원인은?

이개혈종이라는 질병입니다. 귀를 심하게 털거나 긁었을 경우 귀(이개) 안쪽의 모세혈 관이 터지면서 귀 연골 사이에 혈액성 삼출 물이 차게 되고 귀가 부풀어 오르게 됩니다.

이개혈종으로 귀에 멍울이 발생한 모습

진단과 치료는?

신체검사로 진단하게 됩니다. 귀에 잡히는 멍울의 크기와 특징을 보고, 심할 경우 혈종을 제거하고, 삼출물이 다시 차지 않도록 귀의 앞뒷면을 일시적으로

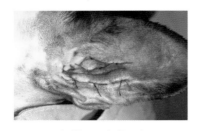

이개혈종 수술 후 모습

봉합해주는 수술을 실시합니다. 수술적인 치료는 재발률을 가장 낮춰 주고, 귀 모양을 유지할 수 있는 가장 확실한 치료법입니다. 크기가 작을 경우에는 삼출물만 주사기로 제거한 후 밴디지나 약물치료를 하기도 합니다.

방치할 경우 증상이 악화되거나 귀 모양이 변형되고 통증이 심할 수 있기 때문에 빨리 치료하는 것을 권장합니다.

또 귀를 많이 털어서 생기는 질환이기 때문에 귀를 터는 근본원인을 치료하는 것 또한 중요합니다. 외이염이 있는지 체크해 보고, 외이염 치료도 병행하는 것이 좋습니다.

 Dr's advice

이런 아이들은 특히 조심해 주세요!
- 귀가 길게 늘어져 있는 아이들(리트리버, 코커 스파니엘, 바셋 하운드 등)
- 귓병을 자주 앓는 아이들
- 활달하고 귀를 자주 긁거나 심하게 터는 아이들

콧물이 나요 & 코피가 나요

콧물이나 코피 등의 코에서 삼출물이 나오는 것은 비강이나 기관지, 폐 등 호흡기에 문제가 있는 경우가 많습니다.

콧물의 증상

| 맑은 콧물이 나요!

대부분 큰 문제가 아닌 경우가 많습니다. 체온이나 청진 등의 기본 신체검사에서 아무 이상이 없다면 걱정하지 않으셔도 됩니다.

▌누런 콧물이 나요! & 코피가 나요!

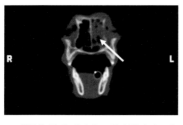

CT 촬영을 통해 비강의 종양이 확인된 모습

비강·호흡기의 감염이나 종양인 경우가 많습니다. 기침이나 가래, 발열 등의 증상이 있는지 체크해 보고, 혈액검사, 방사선 검사 등으로 호흡기 질환 여부를 체크해 봐야 합니다. 비강 내 질환이 의심될 경우 비강 분비물을 배양하거나 조직검사하고, 비강 내시경이나 CT 등의 검사가 필요할 수 있습니다.

호흡기에 문제가 없는데도 코피가 지속될 경우에는 빈혈 등의 전신성 질환 여부의 확인도 필요할 수 있습니다.

치료는?

일반적인 감염의 경우 약물로 치료가 가능하지만, 감염이 심하거나 종양성 병변인 경우에는 비강이나 기관지의 세정이나 종양을 제거하는 수술이 필요할 수 있습니다.

구취가 심해요

구취란 구강 내부의 또는 구강 외 다른 부분의 문제로 인해 입에서 좋지 않은 냄새가 나는 것을 말합니다.

 구취의 원인은?

| 치주질환

가장 큰 원인입니다. 치석이나 세균 증식으로 인해서 구취가 일어날 수 있습니다.

구취가 심하게 나는 경우에는 구강 소독약 및 내복약 치료를 받아야 하며, 치석이 심하게 있는 경우에는 스케일링 치료를 통해서 구강 상태를 깨끗하게 한후 관리해 줘야 합니다.

기타 구강 내부 문제

구강 내 궤양, 구강종양, 인두염, 편도선염증 등의 질환이 원인일 수 있습니다. 구강소독 및 증상을 유발한 원인을 찾아 치료하는 것이 중요합니다.

구강 외부의 문제

당뇨병, 요독증, 비염, 축농증, 입술주름의 감염, 거대식도증, 이물, 종양 등의 질환으로 구취가 발생할 수 있습니다. 근원 질환을 진단하여 치료하는 것이 중요합니다.

Dr's advice

강아지의 치주질환

이빨 표면은 항상 플라그라는 세균의 얇은 막으로 덮여 있는데, 이 플라그는 시간이 지나면서 무기질화되어 치석을 형성하게 됩니다. 치석에는 엄청난 수의 세균이 있기 때문에 치석이 계속해서 쌓이게 되면 잇몸에 염증이 유발됩니다. 염증은 처음에는 단순히 잇몸에만 국한된 치은염으로 시작해서, 점점 이빨 뿌리까지 흔들리게 하는 치주염으로 진행하게 됩니다. 염증이 심해지고 세균이 휘발성 황화합물을 생성하게 되면서 구취가 심해지게 됩니다.

치석과 심한 치주염

초기에는 치료를 받으면 정상 잇몸으로 돌아갈 수 있지만, 심해질수록 이빨을 유지하지 못하고 발치를 해야 할 가능성이 높아집니다.

마취 후 전체적인 구강 검사와 치아 방사선 검사를 통해 잇몸과 치아 상태를 평가하고, 스켈링을 통해 치아를 청결하게 해주는 것이 가장 중요합니다. 상황에 따라 발치나 치주염치료제, 항생제 등의 약을 복용해야 할 수 있습니다.

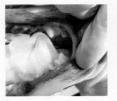
스켈링 전 · 후 모습

무엇보다 가장 중요한 것은 예방입니다.

플라그와 치석의 생성을 줄이기 위해서는 매일 양치질을 해주는 것이 가장 좋습니다. 잇몸과 이빨에 도움이 되는 치약이나 구강전용사료, 간식, 덴탈껌 등도 건강한 치아를 유지하는 데 도움이 됩니다. 또한 정기적인 구강 검사와 스케일링을 통해 주기적으로 치아와 잇몸을 청소해 주는 것도 중요합니다.

구강청결제   애완견 전용 칫솔   덴탈껌

입에서 피가 나요

 원인은?

혀가 다치거나 치석이나 이빨 손상 또는 잇몸의 종양 등에 의해서 잇몸에서 출혈이 생길 수 있습니다. 가벼운 손상으로 인한 출혈의 경우 자연적으로 지혈되지만 아래와 같은 경우에는 바로 병원에 가는 것이 좋습니다.

진단과 치료는?

| 출혈이 5분 이상 지속될 때

혀의 주요 혈관이 손상되었거나 구강에 종양이나 염증이 심할 수 있습니다. 혀의 주요 혈관은 한번 다치면 스스로 잘 지혈이 되지 않고 출혈량도 많습니다. 종양이나 염증이 심할 때도 지혈이 잘 안 될 수 있으니, 바로 병원치료를 받는 것이 좋습니다.

▌ 심한 통증을 동반할 때

잇몸의 종양이나 염증, 치아가 부러지는 등의 치아손상이 있을 수 있습니다.

▌ 지혈이 된 줄 알았는데, 재출혈이 발생했을 때

쉽게 출혈이 발생하는 구강의 종양이나 염증이 의심됩니다. 지혈은 되지만 곧 다시 재출혈이 발생하게 됩니다.

🐾
22
침을 많이 흘려요

침을 많이 흘리는 원인은 다양합니다. 구강의 구조 때문이기도 하지만, 구강에 통증을 유발하는 질환이 있거나 입을 움직이는 데 문제가 있는 경우에도 과도하게 침을 흘립니다.

 원인은?

▎품종적인 이유

퍼그나 불독, 세인트 버나드 등의 품종은 평상시에도 침을 많이 흘리는 품종입니다. 구강이 크고 침의 양도 많지만 구조상 입술이 쳐져 있어서 침이 많이 흐

른답니다. 대부분 치료를 요하지는 않지만, 너무 심각할 경우 입술 처짐을 덜하게 하는 수술이 도움이 되는 경우도 있습니다.

음식에 대한 반응

맛있는 음식을 보거나 냄새를 맡을 경우 침 분비량이 많아지기 때문에 침을 많이 흘릴 수 있습니다. 재미있는 것은 침을 흘리는 동시에 눈물을 흘리는 아이들도 있다는 점입니다.

질병에 의한 경우

- 턱의 골절, 종양, 구강의 궤양 등으로 인해 통증이 심한 경우
- 턱관절의 이상, 턱근육의 위축이나 마비 등으로 정상적인 개구가 힘들거나 턱 하수가 발생한 경우
- 발작이나 경련의 초기 증상, 저혈당, 컨디션이 떨어진 경우

위와 같은 질환들은 심각한 질환인 경우가 많습니다. 지속될 경우 바로 병원에 데려가야 합니다.

23

잇몸에 혹이 났어요

구강의 종양은 염증이나 자극에 의한 양성의 치은종인 경우가 대부분이지만, 간혹 구강 내 악성종양인 경우도 있습니다. 어린 강아지보다는 주로 노령견에서 나타나는 질병입니다. 나이, 품종, 종양의 크기와 특징(얼마나 빨리 자라나는지, 출혈 유무 등), 다른 임상증상의 유무를 확인해서 감별·진단 후 치료를 해줘야 합니다.

🐶 양성 구강종양 vs 악성 구강종양

 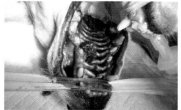

양성 구강종양   악성 구강종양

양성 구강종양	악성 구강종양
• 표면이 매끈하다 • 대부분 잇몸과 유사한 색이다. • 천천히 자라난다. • 통증이 거의 없다.	• 크기가 자잘하다가 계속 커진다. • 표면이 울퉁불퉁하거나, 궤양화되어 있다. • 검은색 등으로 착색되거나 출혈이 있다. • 빠른 속도로 자라난다(일정 크기 이상 자라나지 않는다). • 통증이 심하거나 침을 많이 흘린다.

위의 사항은 일반적인 특징들입니다. 악성종양에 해당하는 특징들을 보이는 경우 바로 검사를 받아야 합니다. 그러나 간혹 양성종양처럼 보이는 악성종양들도 있기 때문에 찜찜하실 경우에는 제거하여 조직검사를 받아 보는 것이 확진하는 방법입니다.

구강종양의 경우 양성종양들은 생명에는 지장이 없으나, 제거 후에 재발되는 경우가 많습니다. 악성의 경우 초기에 제거하면 치료결과가 비교적 좋기 때문에 빠른 진단과 수술적 치료가 중요합니다.

피부가 기름지고 끈적끈적해요

(지루성 피부염)

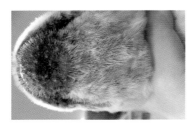

지루성 피부염으로 인해 발적되고 기름진 피부

갑자기 강아지의 피부가 기름지고 끈적끈적해진다면 감염성 피부병을 의심해 봐야 합니다. 이럴 경우 털의 윤기가 없어지고 뻣뻣해지며 냄새도 많이 나게 됩니다.

대부분 세균이나 곰팡이 등의 감염이 원인입니다. 따라서 현미경 및 곰팡이 배지 검사 등으로 진단하고 내복약과 약물목욕 등으로 치료할 수 있습니다.

특히 시추, 퍼그 등의 품종들이 심한 지루성 피부염으로 고생하는 경우가 많습니다.

단순 감염성인 경우 일반적인 치료로 호전되지만, 잘 낫지 않거나 계속 재발이 되는 경우에는 다른 근본적인 원인이 있는지 체크해 봐야 합니다. 아토피, 알레르기 등의 소인이 있거나, 피부 기생충, 호르몬 질환과 같이 피부 상태를 악화시키는 근원이 있는 경우 치료가 잘 되지 않습니다. 근본원인에 대한 확인과 치료가 병행되어야 합니다.

피부병은 생명을 위협하는 질환은 아니지만 방치할 경우 피부 가려움증, 냄새 등으로 삶의 질이 많이 떨어지게 됩니다. 초반에 확실히 치료를 해주는 것이 중요합니다. 하지만 유의해야 할 것은 잘 치료를 해준다고 해도 한번 생기면 쉽게 재발되는 경우가 많기 때문에 꾸준한 관리가 매우 중요하다는 것입니다.

25
비듬이 많고 건조해요

보통 비듬은 봄, 여름, 가을보다는 겨울에 많이 생기며 목욕을 자주 시키는 경우, 집안이 건조한 경우, 체질적으로 피부가 건조한 경우에 잘 생깁니다.

피부가 건조해지는 이유?

피부와 털이 건조하고 푸석한 상태

강아지는 사람과 다르게 몸에서 땀이 나지 않기 때문에 자주 씻을 필요가 없습니다. 하지만 사람과 같이 생활하면서 이전보다 훨씬 더 자주 씻게 되었습니다. 너무 자주 씻기는 경우 피부의 보호층이 얇아지고 자극을 받게 되면서 피부가 건조해짐에 따라 각질이 많이 생길 수 있습니다. 특히 계절에 따라 더 건조함이 심해질 수 있고, 호르몬과 같은 전신질환 여부에 따라서 더 악화될 수 있습니다.

🐕 피부가 건조할 때의 대응

- 피부의 각질과 건조 상태에 따라 목욕 간격이나 횟수 등을 정하시는 것이 좋습니다. 건조함이 심할 때는 목욕 횟수를 줄이는 것이 도움이 될 수 있습니다.
- 목욕 후에 반려동물 전용 보습제 등을 충분히 적용해 주는 것도 좋습니다.
- 겨울철 실내를 너무 건조하지 않게 적절한 습도를 만들어 주는 것이 필요합니다.
- 전신질환이나 체질적으로 피부가 건조한 경우에는 오메가 3가 들어 있는 피부 영양제 등을 급여하면 도움이 됩니다.

26
엄청나게 가려워하고, 피부가 벌겋게 변했어요

강아지의 가려움증은 피부질환의 흔한 증상 중 하나입니다. 강아지들은 피부가 가려울 때 발로 긁고 입으로 씹는 행동을 하는데요, 이런 행동으로 인해 상처가 나고 털이 빠지며 피부도 발적됩니다. 또 이러한 손상은 더 심한 피부병을 유발하기도 합니다.

외부 기생충 감염

피부에 감염되는 개선충이나 모낭충의 경우 심한 가려움증이 나타납니다. 가려움증과 함께 얼굴, 귀, 발 등에 심한 딱지와 발적 등 피부병 증상이 나타나게 됩니다.

  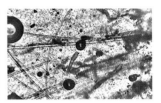

모낭충에 걸린 얼굴	모낭충으로 인한 전신의 발적과 탈모, 피부염 증상	현미경으로 본 모낭충

진드기나 벼룩, 벌레 등에 물렸을 때

진드기나 벼룩, 기타 벌레 등에 의해 물린 경우 피부 발적은 물론 심한 가려움증을 동반합니다. 이런 경우에는 피부병 증상 없이 심한 가려움증만 보이는 것이 특징입니다.

아토피 · 알레르기

음식이나 환경 등 알레르기의 원인에 노출되었을 때 심한 가려움증을 호소합니다. 알레르기를 유발하는 원인은 가장 대표적인 집먼지 진드기부터 식이 알레르기까지 너무나 다양합니다.

피부의 감염

세균이나 곰팡이 감염의 경우 피부 발적 등의 증상과 함께 가려움증이 나타날 수 있습니다. 특히 다른 원인에 의해 심하게 긁다가 이차적으로 감염되는 경우가 많으니 주의해야 합니다.

진단과 치료는?

- 우선 몸 여기저기를 잘 살펴보고, 특히 심하게 가려워하는 부위, 심하게 빨갛게 되어 있는 부위를 확인해야 합니다.
- 야외활동을 하지 않았는지, 평소 먹지 않았던 것을 먹었는지 등을 확인합니다.
- 가려움증이 지속되는 경우에는 원인을 진단하기 위해 현미경, 배양검사 등 다양한 피부병 검사가 필요합니다. 특히 알레르기가 의심되는 경우, 알러젠을 확인하기 위한 검사가 필요할 수 있습니다.
- 진단 후에 원인에 맞춰 치료하되, 기본적으로 가려움증을 가라앉히고, 2차적인 감염을 방지하기 위한 내복약과 약물목욕 등의 치료가 필요합니다. 알레르기의 원인을 확인하였을 때는 알러젠에 노출되는 것을 최대한 피해주는 것이 중요합니다.

피부에 여드름 같은 것들이 올라와요

모낭염

모낭에 염증이 생긴 경우 여드름같이 올라오게 됩니다.

한 개 두 개 정도는 그냥 가라앉는 경우도 있지만 양이 많아지거나 다른 곳에 점점 퍼지는 경우라면 검사와 치료가 필요할 수 있습니다.

대부분 일시적인 모낭의 세균감염이기 때문에 내복약 및 약용샴푸 등으로 치료하게 됩니다. 이러한 치료로도 호전되지 않고 심해진다면 피부기생충이나 알레르기, 호르몬 질환 등의 다른 원인이 있을 수 있으므로 피부 검진을 받아 보는 것이 추천됩니다.

일부러 짜거나 자극을 주면 더 악화될 수 있으니 주의해 주세요!

28
털이 빠져요

탈모는 사람이나 동물에게나 정상적으로 나타납니다. 수명을 다한 털이 빠지고, 새로운 털이 자라나기 때문이지요. 특히 환절기나 스트레스를 받았을 때 털이 빠지는 양이 많아질 수 있습니다. 하지만 탈모가 특징적인 형태로 나타날 때 또는 피부가 드러날 정도로 너무 심하게 빠질 때는 질환을 의심해 봐야 합니다. 이러한 이상 탈모증상은 다음과 같습니다.

 질환이 의심되는 탈모

- 피부가 드러날 정도로 털이 빠진다.
- 특정 부위만 털이 빠진다(원형탈모, 엉덩이 부위 탈모, 목 주위 탈모, 대칭
  성 탈모 등).
- 탈모와 더불어 피부가 이상해진다(끈적거림, 냄새, 피부가 얇아지거나 두꺼워짐).
- 탈모된 부위에 각질, 발적, 색소 침착 등의 증상이 동반된다.

포메라니언에게 종종 나타나는 특
발성 탈모

엉덩이 부위의 원형탈모

호르몬 질환으로 인한 탈모. 전체
적으로 털이 듬성듬성해진다.

위와 같은 형태의 탈모가 나타날 때는 질병이 있을 가능성이 매우 높습니다.
바로 병원에 내원하여 체크받는 것이 좋습니다.

 털이 빠지는 이유

┃ 선천적 원인

예 모낭 형성 부전

▍후천적 원인

- 세균이나 곰팡이 등 감염성 질환
- 피부기생충이나 진드기 등 외부 기생충 질환
- 알레르기, 아토피
- 호르몬 질환(부신피질 호르몬, 갑상선 호르몬, 성호르몬)
- 면역 매개성 질환
- 행동학적 문제(핥는 부위의 털 빠짐)
- 임신성 탈모
- 특발성 탈모(원인 불명)

이렇게 탈모의 원인은 다양합니다. 그러나 육안으로는 원인이 무엇인지 알아내기가 어렵습니다. 또 원인에 따라 치료방법이 달라질 수 있기 때문에 원인을 찾기 위한 몇 가지 검사가 필요합니다. 기본적인 병력 체크, 세균 및 곰팡이 배양 검사, 현미경 검사, 알레르기 테스트, 호르몬 검사, 조직검사 등의 검사 중 가장 의심되는 원인과 관계된 검사부터 순차적으로 진행합니다.

검사를 통해 진단을 내리는 과정이 간단하지는 않습니다. 한꺼번에 모든 검사를 진행하는 것이 아니라 가장 기본적인 검사부터 진행하면서 진단해야 하고, 시간도 오래 걸리기 때문에 보호자와 수의사 모두 인내심을 가져야 합니다. 또한 종종 원인불명의 특발성 탈모가 나타나기도 합니다.

탈모를 치료하기 위해서는 무엇보다 정확한 진단으로 원인을 밝히는 것이 중요합니다. 근본원인을 해결해야 탈모가 개선될 수 있습니다. 하지만 원인이 밝혀지기까지는 시간이 많이 걸릴 수 있는데, 그 사이에 감염이 되지 않도록 조심하고, 또 발모를 촉진할 수 있도록 내복약이나 피부영양제, 약용샴푸 등으로 관리해 주는 것이 좋습니다.

원인에 따라 차이는 있지만, 정확히 원인을 알고 치료한다면 털이 다시 자라나는 경우가 많습니다. 다시 강조하지만, 탈모의 치료를 위해서는 정확한 진단이 우선입니다!

탈모치료 전의 모습과 치료 후 털이 다시 자란 모습

피부가 까맣고 단단하게 변해요

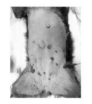
정상적으로 발생한 피부의 착색

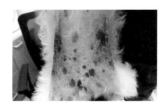
만성피부염으로 인한 피부의 착색

종양으로 인한 피부의 착색

피부가 까맣게 변하는 것은 대부분 멜라닌 색소침착 때문입니다. 사람에게 점이 생기는 것처럼 피부에 전반적으로 색소가 침착되는 것이지요. 왼쪽의 사진처럼 질환이 아니라 나이가 들면서 색소가 침착되는 경우가 많습니다. 하지만 가운데 사진처럼 색소침착과 동반되어 피부가 기름지거나 냄새가 나거나 탈모, 각질, 여드름 등의 증상이 나타날 경우에는 피부염이 원인일 수 있습니다(자세한 내용은 168p. 「24. 피부가 기름지고 끈적끈적해요」 참고). 제일 오른쪽 사진처럼 피부에 까만 혹 같은 것이 생겼다면 종양일 가능성이 있습니다(자세한 내용은 184p. 「31. 몸에 혹이 만져져요」 참고). 피부염이나 종양이 의심될 때는 빨리 검진받아야 합니다.

30
발을 너무 핥아요

"선생님, 우리 개가 발을 너무 핥는데, 어쩌죠?"
이 말은 수의사가 된 이후로 가장 많이 듣는 말입니다. 강아지를 키우면서 발을 건강하게 유지하는 것만큼 힘든 일도 없을 것입니다. 그 말은 발에 문제가 생기는 경우가 매우 많다는 얘기이기도 하지요.

발을 핥는 행동은 모든 개들이 다 하는 행동이기 때문에 단순히 핥는 것만으로 문제가 되지는 않습니다. 중요한 것은 얼마나 자주, 심하게 핥느냐는 것입니다. 어떤 아이들은 '저러다 발을 씹어 먹는 게 아닐까?' 하는 생각이 들 정도로 끊임없이 발을 핥고 깨뭅니다. 이렇게 '미친 듯이' 발을 핥는 이유는 크게 심리적인 것과 건강상의 이유로 나눠 볼 수 있습니다.

심리적인 이유는 발을 핥는 행동이 이미 습관이 되어 버렸거나 스트레스 상황에서 발을 핥는 경우입니다. 사람들이 손톱을 물어뜯는 것과 비슷한 경우라고 할 수 있지요. 건강상의 이유는 발에 습진이나 종양 등이 생겼을 때, 상처가 있을 때, 이물이 박혔을 때 등이 대표적입니다.

어떤 이유든지 심하게 핥는 행동을 내버려 두면 결국은 발에 감염, 종양 등의 문제가 생기기 때문에 가능한 한 교정해 주는 것이 좋습니다.

핥는 행동이 너무 심할 때는 아래의 사항을 확인해 주세요!

- 발가락 사이 피부가 부어 있거나 빨갛지는 않은지?
- 발패드가 벗겨지거나 상처가 있지는 않은지?
- 발에 혹이 나 있지는 않은지?
- 발톱이 너무 길거나 부러져 있지는 않은지?

심한 지간 피부염으로 발바닥이 발적되고 부어 있는 모습

위에 해당하는 사항이 없으면 다행히 당장 치료해야 하는 상태는 아닙니다. 그러나 계속 핥게 내버려 두면 곧 병원에 가야 하기 때문에 나빠지기 전에 핥지 못하게 해야 합니다.

넥칼라를 채우자!

핥는 행동을 못하게 하는 방법으로 여러 가지가 있지만, 경험상
으로 가장 효과적인 것은 넥칼라를 채우는 것입니다. 핥을 때마
다 혼내거나 큰 소리를 내서 깜짝 놀라게 하는 방법도 있고, 발
에 쓴 연고나 소독약을 발라서 쓴맛으로 못 핥게 하는 방법도
종종 효과가 있습니다. 하지만 항상 옆에서 붙어 있을 수는 없
는 노릇이라, 조금이라도 감시를 소홀히 하면 구석에 가서 또

넥칼라를 차고 있는 강아지

미친 듯이 핥고 있는 아이를 볼 수 있습니다. 계속 옆에서 훈련할 수 없을 때는 넥칼라
를 채우는 것이 좋습니다. 강제적으로 입이 발에 못 닿게 하는 방법이기 때문에 스트레
스를 받을 수는 있지만, 가장 효과적으로 핥는 것을 차단할 수 있습니다. 넥칼라에 적
응이 되고 핥는 횟수가 줄어들게 되면 점차 넥칼라를 풀어 놓는 시간을 늘려 가면서 조
정하면 됩니다.

사실, 이 방법으로도 핥는 행동을 완전히 차단하기는 어렵습니다. 핥음은 강아지에게
본능적인 행동이라 완전히 없앨 수는 없기 때문입니다. 하지만 가장 심하게 핥을 때 행
동을 차단해서 발 건강을 회복하고, 핥는 정도를 줄여 주는 데는 분명 도움이 됩니다.

또 위의 체크 사항 중에 해당하는 사항이 있으면 바로 병원에서 검진을 받아야 합니다.
가장 흔하게 볼 수 있는 지간 피부염의 경우에는 철저한 발의 소독과 항생제, 항진균제
등의 감염치료가 필요할 수 있습니다. 기타 상처나 종양의 경우에도 적절한 치료가 필
요합니다. 발 주위는 쉽게 감염이 되기 때문에 방치할 경우 문제가 심각해질 수 있습니
다. 치료를 받는 중에도 핥지 못하게 하는 것은 필수입니다. 핥으면 그야말로 "말짱 도
루묵"이 됩니다. 넥칼라를 철저히 유지하셔서 절대 핥지 못하게 해주세요.

발을 핥는 행동, 그로 인한 발의 습진 등의 문제는 쉽게 재발됩니다. 특히 여름철같이
습할 때는 더욱 쉽게 재발할 수 있으니 자주 체크해 주세요!

몸에 혹이 만져져요

피부에 발생한 혹

강아지가 나이 들어가면서 몸에 혹이 만져지는 경우가 있습니다. 보통 TV를 보면서 쓰다듬다가 문득 "어? 이게 뭐지? 이런 게 있었나?" 하는 경우가 많습니다. 피부에 생기는 혹은 주로 양성의 지방종인 경우가 많기 때문에 처음부터 지레 걱정할 필요는 없습니다. 하지만 양성과 악성 피부종양은 육안상으로 구분하기 어렵고, 악성이라고 해도 상당히 진행되기 전까지는 뚜렷한 임상증상이 없는 경우가 많기 때문에 한번 발견하게 되면 지속적으로 관찰해야 합니다.

관찰하실 때는 다음과 같은 사항을 체크해 주세요!

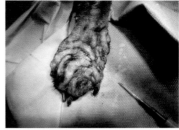

피부의 악성종양 제거 전 · 후의 모습

- **빠르게 커진다**(며칠이나 몇 주가 지나지 않았는데도 뚜렷한 크기 증가).
- 다른 부위에 또 생긴다.
- 붓거나 발적이 된다.
- 궤양화되거나 농이 나온다.
- 열감이 있다.
- 아파한다(혹이 있는 부위를 계속 핥거나 씹는다).

위의 사항들은 악성종양의 일반적인 특징입니다. 해당하는 소견이 있으면 즉시 병원에 가서 검사를 받아야 합니다. 세포학 검사나 조직검사를 통해 악성 · 양성 여부를 확인할 수 있습니다.

악성종양의 경우는 전이되거나 재발할 가능성이 높기 때문에 바로 수술이 필요합니다. 외과적으로 완전히 제거해야 치료 후 삶의 질이나 생존기간을 늘릴 수 있습니다. 필요할 경우 항암치료 등을 통해 생존기간을 늘릴 수 있습니다.

양성종양의 경우에는 당장 수술이 필요하지는 않습니다. 하지만 종양이 커질 경우 주위 근육이나 신경 등을 눌러 통증이나 다리의 파행이 생길 수 있기 때문에 제거가 권장됩니다. 또 드물게 악성종양으로 변하는 경우가 있기 때문에 아이의 컨디션을 고려해서 적절한 시기에 제거해 주는 것이 좋습니다.

다리를 절룩거려요 & 들고 다녀요

잘 다니던 강아지가 갑자기 다리를 들고 다닌다?

이런 경우를 종종 볼 수 있습니다. 또는 어느 날부터 한쪽 다리를 잘 딛지 못하고 절룩거리는 아이들도 볼 수 있습니다. 이렇게 다리를 들거나 절룩거리는 것을 "파행"이라고 합니다. 강아지들에게서 나타나는 "파행"에 대해 알아보겠습니다.

파행은 앞다리나 뒷다리 모두에서 나타날 수 있으며, 일시적으로 또는 지속적으로 파행을 보이기도 합니다. 주로 한쪽 다리에 증상이 심하지만, 양쪽 다리 모두 안 좋은 경우도 있습니다. 이러한 파행 부위, 증상, 파행의 기간이나 상태에 따라 어느 정도로 그 원인을 추려볼 수 있습니다.

| 슬개골 탈구

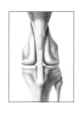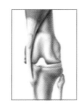

정상 슬개골(좌)과 탈구된 슬개골(우)

소형견에게 가장 다발하는 질환 중 하나입니다. 말티즈, 포메라니안, 푸들 등 우리나라에서 인기 있는 소형견들은 10마리 중 7~8마리가 이 질환을 가지고 있다고 해도 과언이 아닐 정도로 많지요.

슬개골 탈구란, 무릎 가운데에 얹혀 있는 조약돌 모양의 슬개골이란 뼈가 무릎 안쪽 또는 바깥쪽으로 빠지는 질환입니다. 대부분 소형견은 안쪽으로 빠지면서 무릎 연골을 자극하여 관절염과 통증을 야기합니다. 심할 경우 뼈의 변형이 나타나기도 합니다.

증상으로는 평소에는 괜찮다가 슬개골이 빠질 때 통증이 심해져서 다리를 드는 경우가 많습니다. 대부분은 일시적으로 파행을 보이다가 또 괜찮아지고, 그러다가 또 파행을 보이고, 이렇게 일시적이고 반복적으로 나타나는 경우가 많습니다. 또 정도가 심한데도 불구하고 파행을 보이지 않는 아이들이 있는데, 이것은 괜찮은 게 아니라 통증이 견딜 수 있는 수준인 것입니다. 통증이 견딜만하더라도 방치하면 관절염이 심해질 수 있으므로, 중등도 이상의 슬개골 탈구 진단을 받으면 바로 교정을 해주는 것이 좋습니다. 탈구가 오래돼서 뼈의 변형이 온 경우, 다리가 휘거나 앉은뱅이처럼 보행이 힘들어질 수 있습니다.

진단은 촉진과 방사선 검사로 확진할 수 있습니다. 슬개골 탈구가 심하지 않은 경우 관절 보조제나 진통소염제로 관리할 수 있습니다. 하지만 중등도 이상의 경우에는 수술이 필요합니다. 방치하면 계속 무릎 연골을 마모시키기 때문에 수술로 슬개골이 빠지지 않게 교정해줘야 합니다. 그래야 관절염의 진행을 최대한 늦출 수 있습니다.

주의사항으로는 체중관리를 해줘야 한다는 것입니다. 슬개골 탈구뿐만 아니라 모든 정형외과질환에서 살이 찌는 것은 그야말로 독약입니다. 살이 찌게 되면 모든 뼈와 관절에 무리가 가기 때문입니다.

슬개골 탈구는 재발할 수 있습니다. 실제로 수술로 잘 교정이 되었다 하더라도 다시 재발할 확률이 5~10% 정도됩니다. 재발에는 여러 이유가 있겠지만, 슬개골을 안착시키기 위해 깊게 깎은 뼈가 다시 자라는 경우, 나이가 들면서 슬개골 인대가 느슨해지는 경우가 많습니다. 재발한다고 해서 무조건 다시 수술해야 하는 것은 아닙니다. 재발해도 수술 전보다 정도가 심하지 않다면 큰 문제가 되지 않을 수도 있습니다. 수술의 방법과 재발에 관해서는 수술 전 담당 수의사와 충분한 논의가 필요합니다.

? 질문 있어요!

Q. 평소에는 괜찮았는데, 오늘 병원에서 슬개골 탈구가 심하다는 진단을 받았습니다. 증상이 거의 없었는데, 수술이 필요할까요?

A. 탈구가 심하다면 필요합니다. 위에도 말씀드린 것처럼, 슬개골 탈구가 심한데도 증상을 안 보이는 아이들이 있습니다. 이것은 괜찮아서가 아니라, 현재는 견딜만 한 통증이기 때문입니다. 하지만 탈구가 심하면 무릎 연골이 계속 상해서 결국 관절염이 심해지기 때문에, 지금은 괜찮더라도 나이가 들면서 점점 파행이 심해지게 될 것입니다. 따라서 현재에는 아무 증상이 없더라도, 촉진이나 방사선 상에서 탈구가 심한 것으로 진단되면 교정을 해주는 것이 좋습니다.

Q. 저희 강아지가 얼마 전에 슬개골 탈구 진단을 받았습니다. 이제 두 살 밖에 되지 않았는데 언제 수술하는 게 좋을까요?

A. 슬개골 탈구의 수술은 가능한 빨리 해주는 것이 좋습니다. 지체하면 지체할수록 무릎 연골이 계속 상하기 때문입니다. 무릎 연골이 상하면 아무리 수술을 잘해도 관절염이 빠르게 진행될 수 있기에 가능한 연골이 상하기 전에 해주는 게 중요합니다. 하지만, 빨리 하고 싶어도 아이의 컨디션, 성장판 유합 상태 등에 따라 수술시기를 조절해야 할 수 있으니 수술 전 충분한 상담이 필요합니다.

고관절 질환

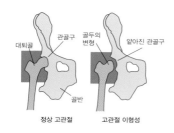

대퇴골　관골구　골두의　얕아진 관골구
　　　　　　변형
골반

정상 고관절　고관절 이형성

고관절 질환 모형

고관절 이형성, 고관절 탈구, 고관절의 허혈성 괴사 등 고관절에 문제가 나타나는 경우입니다. 소형견에게 다발하지만, 리트리버와 같은 대형견에게도 다발합니다.

고관절이란 쉽게 말해 엉덩이 관절입니다. 대퇴골의 골두가 골반에 딱 끼워 맞게 되면서 뒷다리가 몸에 붙게 되는데, 이 부분이 고관절입니다.

고관절에 문제가 있을 경우 체중이 실릴 때마다 통증이 발생합니다. 그렇기 때문에 잘 안 걸으려 하고, 앉았다 일어나는 것을 힘들어하거나, 걸을 때 아픈 쪽 다리에 힘을 주지 않고 절룩거리게 됩니다. 한쪽 다리 또는 양쪽 다리 모두에 증상이 나타날 수 있습니다.

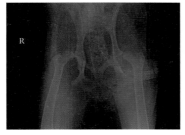 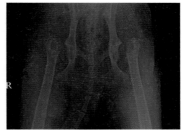

고관절이 탈구된 방사선 사진   대퇴골두를 제거하는 수술 후의 방사선 사진

임상증상과 방사선 검사로 진단할 수 있습니다. 정도가 심하지 않을 경우에는 관절보조제와 진통소염제로 관리할 수 있지만, 이러한 약물치료로 완치는 불가능합니다. 심한 통증이나 파행이 있을 경우에는 통증의 원인이 되는 대퇴골두를 제거하는 수술이 필요할 수 있습니다. 대퇴골두를 제거해도 소형견은 주위 연부조직의 힘으로 거의 정상보행이 가능합니다. 하지만 체중이 많이 실리는 대형견의 경우에는 통증은 없애줄 수는 있지만 파행이 남을 수 있습니다. 연부조직의 힘으로 그 체중을 다 감당하기는 힘들 수 있기 때문입니다. 따라서 대형견은 수술 전에 수술방법에 대해 충분한 상의가 필요합니다.

▌너무 말라도, 너무 쪄도 좋지 않습니다!

대퇴골두를 제거하는 수술 후에는 대퇴골과 골반 사이에 위관절이 형성됩니다. 위관절이란, 진짜 뼈와 뼈가 연결되는 관절이 아니라, 주위 연부조직의 힘으로 연결되는 관절을 말합니다. 소형견은 위관절만으로도 충분히 체중을 감당할 수 있기 때문에, 대퇴골두 제거술 후에 대부분은 정상 보행이 가능합니다. 하지만 너무 마른 경우, 고관절 주위 연부조직이 약하기 때문에 위관절이 약해져서 다리가 불안정하게 흔들릴 수 있습니다. 또한 너무 살이 찌면 그만큼 관절에 체중이 더 많이 실리게 되기 때문에, 위관절이 감당할 수 없게 되어 파행이 나타날 수 있습니다. 체중관리는 항상 신경 써주세요!

▌전십자인대 파열

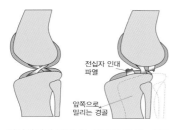

전십자 인대
파열

앞쪽으로
밀리는 경골

전십자인대 파열 후 경골이 밀리는 모습

소형견, 대형견 모두에게 다발합니다. 특히, 갑자기 뛰어내리거나, 또는 뛰다가 뒷다리가 걸리는 등 외상에 의해 주로 발생합니다. 전십자인대란 무릎 안에 위치해 있는 대퇴골(허벅지뼈)과 경골(종아리뼈)을 붙잡아 주는 인대입니다. 이 인대가 파열될 경우, 두 뼈를 잡아 줄 수 없기 때문에 걸을 때 종아리뼈가 밀리면서 통증을 유발합니다. 딛을 때마다 통증이 생기기 때문에 잘 딛지 못하고 다리를 들고 다닙니다. 시간이 지나면서 통증이 가라앉으면 걷기도 하지만, 종아리뼈가 계속 밀리기 때문에 관절염이나 연골의 손상이 계속 진행됩니다.

촉진과 방사선 검사로 진단할 수 있지만, 정도에 따라 진단이 모호할 수 있습니다. 이런 경우에는 육안으로 확인하는 것이 가장 정확합니다. 치료는 다리가 밀리지 않도록 교정해 주는 것이 확실합니다. 끊어진 인대는 깨끗하게 정리해 주고, 인대 역할을 대신해 줄 수 있는 임플란트를 이용하는 방법이 가장 보편적입니다. 심한 경우 절골술을 통해 교정하기도 합니다. 인대의 파열 정도, 뼈의 모양에 따라 다양한 방법이 선택될 수 있으므로 수술 전 수의사와 충분한 상담이 필요합니다.

역시 또 체중관리! 십자인대 파열은 꼭 수술적 교정이 필요한 질병입니다. 교정해 주지 않으면 파행이 계속되거나 관절염이 심해지게 됩니다. 하지만 수술 후에도 무릎연골의 손상 여부나 임플란트의 변위 등에 따라 재발이나 후유증이 남을 수 있으니 수술 전 충분한 상담이 필요합니다.

🐶 앞다리 파행 _ 앞다리를 들고 다니거나 절룩거린다?!

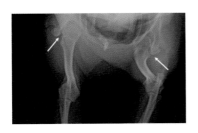

양쪽 어깨관절이 탈구된 방사선 사진

▌어깨관절 탈구

어깨관절 탈구는 소형견에게 종종 발생합니다. 어깨관절의 선천적 기형이 있거나 외상에 의해 어깨 관절의 인대가 파열된 경우 주로 발생합니다.

정도에 따라 앞다리를 절룩거리는 경우부터 아예 들고 다니는 경우까지 증상이 다양합니다. 촉진과 방사선 검사로 진단하고, 탈구된 정도와 경과 시간에 따라 탈구된 뼈를 맞추거나 수술적으로 교정해야 할 수 있습니다.

비수술적으로 뼈를 맞춰 넣은 경우에는 재발하기가 쉬워 주의해야 합니다. 재발할 경우 수술적 교정이 필요합니다. 뼈의 기형이 있거나 인대 손상이 심해 수술적으로 교정해도 재발이 되는 경우가 있습니다. 계속 재발이 될 경우에는 관절을 영구적으로 고정해야 할 수도 있습니다.

▎ 주관절 질환

주관절은 앞발의 팔꿈치 부분을 말합니다. 상완골과 요골, 척골이 연결되는 부분으로, 골유합부전이 있거나 연골편이 떨어지는 등의 이유로 통증이 발생하거나 관절염이 진행될 수 있습니다.

증상은 정도에 따라 앞다리를 절룩거리거나 아예 들고 다닙니다. 검사는 촉진과 방사선 검사로 진단합니다. 방사선상에서 확인이 안 될 경우 CT나 관절경 검사가 필요할 수 있습니다. 치료를 위해서는 대부분 수술이 꼭 필요합니다. 유합부전인 뼈를 붙여 주거나 떨어져 나온 연골편을 제거해 주는 등의 수술이 필요합니다.

주관절 질환은 방사선상에서 진단이 안 나올 수 있습니다. 특히 소형견의 경우 병변이 작기 때문에 방사선 상에서는 관찰되지 않을 수 있습니다.

이 외에도 사지 골절, 발목관절 질환, 종양, 근육의 질환 등으로 인해 다리의 파행이 나타날 수 있습니다.

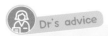 Dr's advice

다리의 파행이 있을 경우 이것만은 기억해 두세요!
1. 파행은 대부분 뼈, 관절, 인대, 근육 등 정형외과질환이다.
2. 촉진과 방사선 검사로 진단한다.
3. 대부분 수술적 교정이 권장된다.
4. 평생 체중 관리가 필요하다.

다리를 끌고 다녀요 & 비틀거려요

강아지가 다리를 끌고 다닌다? 또는 술 취한 사람처럼 휘청거리거나 비틀거린다? 이것은 다리를 들고 다니는 것과는 완전히 다른 증상입니다. 다리를 딛지 못하고 드는 것은 대부분 통증으로 인한 문제이지만, 다리를 끌고 다니거나 힘없이 주저앉거나 비틀거리는 것은 신경이나 신경이 분지하는 근육의 문제일 가능성이 높습니다.

주로 초기에는 다리에 힘이 빠져 주저앉거나 서 있을 때 부들부들 떠는 등의 증상이 나타나고, 진행되면 비틀거리고, 심하면 아예 마비가 되기도 합니다.

뒷다리가 마비되어 끌고 다니는 환자

그럼 마비가 나타나는 부위에 따라 대표적인 질환들을 한번 볼까요?

🐾 뒷다리 비틀거림, 후지 마비?!

▌흉요추 디스크

뒷다리 마비의 가장 많은 원인입니다. 소형견 신경계 질환에서 가장 많이 발생하는 것이기도 하고요. 간혹 '네발로 걷는 동물이 무슨 디스크 질환이 있나?'하는 얘기를 들을 수가 있는데, 그것은 아주 잘못된 생각입니다. 강아지들은 기립하지는 않지만 허리의 움직임이 매우 심하고 또 품종적으로 디스크 연골이 쉽게 변성되거나 파열되는 특징이 있기 때문에 디스크 질환 발생률이 높습니다.

디스크란, 척추와 척추 사이에 존재하는 연골입니다. 정상적인 디스크는 70% 이상이 수분으로 이루어져서 유동적이고 충격흡수 기능이 뛰어납니다. 이러한 디스크가 변성되거나 파열되면 척수 쪽으로 튀어나와 척수를 압박하게 되는데, 이것이 디스크 탈출증, 소위 '디스크에 걸렸다'고 하는 것입니다. 척수를 압박하는 정도에 따라 가볍게는 허리 통증, 움직이는 것을 싫어하는 정도에서 심하게는 완전 마비가 발생하기도 합니다.

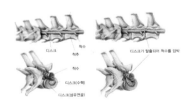

정상 디스크(좌)와 디스크가 탈출되어 척수를 압박하는 모습(우)]

디스크가 다발하는 품종으로 닥스훈트가 가장 유명합니다. 실제로 발표되는 논문들을 보면 닥스훈트가 압도적으로 많은 발생률을 보입니다. 허리가 길어서 움직임도 많은데다가 연골자체가 특이적으로 빨리 변성되기 때문입니다. 이 외에 페키니즈, 시추, 코커스 파니엘 같은 경우도 많이 발생하기 때문에 특히 더 조심해야 합니다.

디스크 다발 품종들의 경우에는 주로 2~4살 정도의 어린 나이에 디스크가 발생합니다. 디스크 연골이 빨리 변성되기 때문입니다. 그 외의 품종들에서는 8살 이상의 노령견에게서 발생하는 경우가 많지만, 간혹 다발 품종이 아님에도 어린 나이에 발생하는 경우가 있으므로 안심해서는 안 됩니다.

흉요추 디스크 증상은 보통 1~5단계로 나뉩니다.

1단계 - 등의 통증. 움직이지 않으려 하고 만지려고 하면 비명을 지른다.
2단계 - 뒷다리의 비틀거림. 보행 시 다리가 자꾸 끌리고 휘청거린다.
3단계 - 뒷다리의 완전 마비. 뒷다리를 전혀 쓰지 못하고 끌고 다닌다.
4단계 - 뒷다리의 완전 마비와 배뇨곤란. 마비와 더불어 소변을 잘 보지 못하고 흘리거나 아예 보지 못한다.
5단계 - 뒷다리의 완전 마비, 배뇨곤란, 통증반사 소실. 4단계 증상에 추가로 후지의 통증반사가 소실된다.

디스크는 초기에 발견하면 치료도 간단하고 효과도 좋습니다. 늦게 발견할수록 수술해야 하거나 수술한다고 해도 결과가 안 좋은 경우가 많습니다. 1~2단계 증상이 관찰될 때 바로 검사를 받아야 합니다.

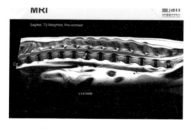

디스크 환자의 MRI 영상. 탈출된 디스크가 척수를 누르는 것이 보인다.

검사의 확진은 MRI를 찍어야 가능합니다. 하지만 증상이 심하지 않은 초기 단계에서는 증상에 맞춰 약물이나 찜질치료를 먼저 실시할 수도 있습니다. 완전 마비가 발생하는 3단계 이상의 경우에는 MRI를 촬영해 확진 하고, 경우에 따라 수술이 필요할 수 있습니다. 일반적으로 치료는 약물치료, 침 등의 한방치료, 찜질 등의 물리치료, 직접 디스크를 제거하는 수술이나 레이저나 오존가스를 이용한 최소 침습적 방법 등으로 이루어집니다. 증상의 정도, 경과 기간에 따라 수의사와 상의하여 진단 및 치료 방법을 결정해야 합니다.

 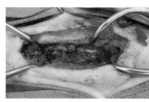 

디스크 환자의 침 치료 / 수술로 탈출된 디스크를 제거하는 모습 / 최소 침습적인 디스크 치료방법인 오존가스 치료

- 주의사항
  - 움직임 제한!

  디스크는 상당히 유동적이기 때문에 움직임이 심할 경우 더 심하게 파열되거나 튀어나올 수 있습니다. 특히 약물치료 중에 악화되는 아이들을 종종 볼 수 있습니다. 진통제를 먹고 통증이 감소되면 아이들이 다시 활발해지면서 허리를 많이 움직이기 때문입니다. 따라서 디스크 치료 중에는 최소 한 달간은 과격한 움직임을 제한하는 것이 중요합니다. 침대나 소파 뛰어 오르내리기, 계단 오르내리기 등의 허리에 무리가 가는 운동은 금물입니다! 운동은 가벼운 산책이나 평지 걷기 선으로 제한해 주세요.

  - 체중 관리!

  살이 찌면 허리에 더 많은 부담이 가게 됩니다. 디스크도 마찬가지로 더 많이 힘이 실리기 때문에 좋지 않습니다. 평지 걷기 등의 가벼운 운동, 저칼로리 식이 등으로 살이 찌지 않도록 조심해 주세요.

– 재발 조심!

한번 튀어나온 디스크는 다시 들어가지 않습니다. 그 상태를 유지하든가 아니면 더 튀어나오게 됩니다. 수술적으로 튀어나온 디스크를 완전히 제거한다면 재발될 가능성이 낮지만, 약물치료의 경우에는 튀어나온 디스크가 그대로 있기 때문에 재발될 가능성이 높은 편입니다. 약물치료를 하는데도 증상이 재발되거나 이전보다 더 심한 증상이 나타난다면 수술을 고려해야 합니다.

▎기타 흉요추 또는 척수 질환

디스크가 가장 많은 원인을 차지하고 있지만, 뒷다리의 마비를 야기하는 다른 척수 또는 척추의 질환들도 있습니다. 흉요추 척추의 골절 또는 기형, 척수의 종양이나 염증, 퇴행성 척수 질환, 척수의 색전증 등이 종종 진단됩니다. MRI, 뇌척수액 검사 등을 통해 진단하고, 원인과 정도에 따라 약물 또는 수술적인 치료가 필요합니다.

사지의 비틀거림, 사지 마비?!

네 다리를 비틀거리거나 마비 증상이 오는 경우는 목, 머리, 근육의 문제가 있거나 전신 질환일 가능성이 있습니다.

경추 디스크

목의 질환 중에서도 가장 많은 부분을 차지하는 것은 역시 목 디스크입니다. 허리와 마찬가지로 디스크 질환이 발생할 수 있으며, 목 부위에 발생할 경우 네 다리 모두 영향을 받게 됩니다.

주로 목에 심한 통증을 나타내는 경우가 많습니다. 목을 잘 움직이지 못하거나 목을 들 때 통증을 호소하기 때문에 목이 축 처진 채로 다닙니다. 정도가 심할 경우 사지의 비틀거림이나 마비 등이 나타날 수 있습니다.

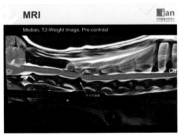

경추 디스크로 인해 앞다리 마비를 나타내는 환자

경추 디스크 환자의 MRI 영상. 디스크 탈출로 인해 척수압박 소견이 보인다.

기타 경추나 경추 척수의 질환 발병률

흉요추 질환에서 나타날 수 있는 질환들이 경추 척수에도 나타날 수 있습니다. 감별진단을 위해 MRI, 뇌척수액 검사 등이 필요합니다.

뇌 질환

뇌 질환으로 기립이 불가능한 환자

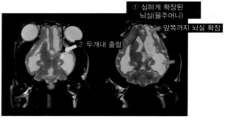

① 심하게 확장된 뇌실(물주머니)

앞쪽까지 뇌실 확장

② 두개내 출혈

뇌 질환 환자의 MRI 영상

뇌는 우리 몸의 밸런스를 조절하는 컨트롤 타워입니다. 뇌에 문제가 있을 경우에 근육이나 보행 등에 문제가 생길 수 있습니다. 특히 뇌 질환이 있을 경우 보행 이상과 함께 경련이 나타나거나 의식저하, 균형상실 등의 추가적인 신경증상을 동반할 수 있습니다. 뇌척수염, 홍역, 후두골 이형성이나 뇌수두증과 같은 기형, 뇌종양 등이 원인이 될 수 있으며, MRI와 뇌척수액 검사 등을 통해 진단할 수 있습니다. 원인에 따라 약물 또는 수술적 치료를 적용해야 합니다.

근육의 질환(다발성 근염, 다발성 말초신경염, 중증 근무력증)

근육의 염증이나 근육에 분지하는 말초신경의 염증, 또는 중증 근무력증 등의 질환으로 근육이 허약해지는 경우가 있습니다. 대부분 원인불명이나 자율신경계 이상 등으로 나타나며, MRI를 통해 다른 신경계 진단과 감별한 후에 근전도, 근육·신경생검과 같은 정밀검사가 필요합니다. 이러한 질병은 발생도 드물지만 진단과 치료가 어렵기 때문에 전문적인 수의사와 상담해야 합니다.

갑상선 저하

갑상선 기능 저하 환자에게 나타나는 탈모증상

갑상선 저하인 경우에 사지의 허약, 마비 등이 나타날 수 있습니다. 갑상선 저하의 다른 증상들(무기력, 탈모, 빈혈, 비만 등)이 동반된다면 갑상선 호르몬 수치를 체크해 봐야 합니다. 갑상선 저하인 경우 갑상선 호르몬제를 먹이면 증상이 호전될 수 있습니다.

감염성 질환(진드기 감염, 보툴리즘)

진드기나 보툴리즘에 감염되었을 때 사지의 무력, 마비 등의 증상이 나타날 수 있습니다. 실외의 풀숲이나 흙, 썩은 고기 등에서 감염되기 때문에 실내견이나 도시에서 사는 아이들은 감염률이 매우 낮습니다. 따라서 다른 질환들이 다 감별되었을 때 검사를 진행합니다. 실외 생활 중에 감염될 경로가 있는지 들어보고, 혈청 중 항체나 독소를 평가하여 진단할 수 있습니다. 치료보다 예방이 훨씬 쉽기 때문에 진드기 예방약을 꾸준히 발라 주고, 더러운 흙이나 오염된 고기는 접촉하지 않도록 하는 것이 중요합니다.

🐶 한쪽 다리만 끌고 다님, 한쪽 다리 마비?!

왼쪽 다리 마비로 발을 끄는 환자

한쪽 다리만 마비가 오는 아이들은 대부분 해당하는 신경의 손상이 있는 경우입니다. 주로 외상에 의한 말초신경의 손상으로 발생합니다. 앞다리는 액와 부위의 손상, 뒷다리는 골반 골절로 인한 좌골신경의 손상 등이 대표적입니다.

말초신경의 손상은 MRI로 진단이 불가능하므로 확진내리기가 어렵습니다. 외상의 병력이 있었는지 들어보고 육안 확인 및 신경검사를 통해 추정합니다. 말초신경의 종양이 있거나 척수가 국소적으로 손상받은 경우(디스크가 한쪽으로 편향되게 돌출되는 경우와 같이 척수의 일부가 손상된 경우)에도 한쪽 다리 마비가 발생할 수 있는데, 이런 경우에는 MRI로 진단이 가능합니다.

말초신경은 약물치료로 회복시킬 수 없기 때문에 신경을 자극시켜 줄 수 있는 침 치료나 찜질, 물리치료 등으로 회복을 도와줍니다. 회복 여부는 손상의 정도에 따라 다릅니다. 약한 충격이나 압박 등에는 회복할 수 있으나 완전 파열되었거나, 심한 손상인 경우에는 회복이 영구적으로 불가능합니다.

머리가 기울어졌어요 & 한쪽으로 빙빙 돌아요

오른쪽으로 머리가 기울어진 사경 증상을 보이는 환자

머리가 한쪽으로 기울어지는 것을 '사경', 한쪽으로 빙빙 도는 증상을 '선회증상'이라고 합니다. '갸우뚱' 하거나 꼬리잡기를 하면서 신나게 도는 것은 귀여운 행동이지만, 이러한 행동이 지나치게 오래가면 질환일 가능성이 높습니다. 이러한 증상은 몸의 균형이 무너지면서 나타나게 됩니다. 몸의 균형이 무너지는 것은 귀에 문제가 있거나 대뇌, 소뇌 등 머리에 문제가 있을 경우에 발생합니다.

원인은?

귀에 문제가 생긴 경우

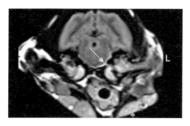

고실의 염증이 인접한 뇌막의 염증으로
진행(노란 화살표)

귀의 가장 안쪽에는 '고실'이라고 불리는 공간
이 있습니다. 이 고실에 연결되는 것이 청력을
담당하는 청각신경과 몸의 균형을 담당하는 내
이신경입니다. 귓병이 오래되어 고실에 염증이
생기거나 삼출물이 차는 중이염이 발생한 경우
내이신경까지 손상되어서 몸의 균형이 무너질
수 있습니다. 이 경우 사경, 비틀거림 등과 같

은 증상이 나타나게 됩니다.

머리에 문제가 생긴 경우

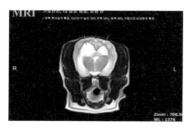

뇌실(화살표)에 뇌척수액이 비정상적으로
차 있는 뇌수두증 환자의 MRI 영상

대뇌 또는 소뇌에 문제가 생길 경우 이러한
증상이 나타날 수 있습니다. 대뇌에 물이 차
는 수두증, 뇌종양, 뇌염 등 대뇌에 영향을
주는 질환이 있거나 소뇌압박, 소뇌 탈출 등
의 질환으로 소뇌에 문제가 생긴 경우에 나
타납니다. 특히 소뇌에 질환이 있는 경우에
는 근육이 떨리는 증상, 거리를 가늠하지 못

하는 증상(예 보행간격을 유지하지 못함, 장난감이나 먹이까지의 거리를 인지
하지 못함)이 추가로 나타날 수 있습니다.

▍노령인 경우(특발성)

노령으로 인한 특발성 전정기계 이상으로 나타나는 경우도 있습니다. 사경과 함께 어지럼증으로 인한 구토를 동반하는 경우가 많으며, 검사에서도 원인이 명확하게 진단되지 않습니다. 이런 경우는 보통 시간이 지나면 완화되는 경우가 많습니다.

▍기타 원인

대사성 질환이나 영양소 결핍(비타민 B1)의 경우에도 증상이 나타날 수 있습니다.

진단과 치료는?

확진은 MRI 검사로 가능합니다. MRI 검사와 뇌척수액 검사를 통해 대뇌와 소뇌, 고실 등의 이상 유무를 확인합니다. 다른 전신질환을 감별하기 위한 혈액 검사 등이 필요합니다. 또한 영양소가 적절한지 확인해 봐야 합니다.

진단이 나오면 주로 약물치료를 시도하지만, 원인에 따라 외과적 치료가 필요할 수 있습니다. 특히 고실 문제로 인한 중이염이나 내이염인 경우 고실을 깨끗하게 하기 위한 수술이 필요할 수 있습니다. 원인불명의 전정기계 이상인 경우 항산화제 등의 보조제로 관리하며 모니터링합니다.

35

발작을 해요

사람의 간질처럼 강아지도 발작을 하는 경우가 있습니다. 발작은 연령에 상관 없이 발생할 수 있고, 한번 발생하면 적게는 수초에서 길게는 수분 간 지속될 수 있습니다. 또 딱 한 번만 발작하고 그 후에는 괜찮은 경우도 있지만, 주기적 으로 반복되는 경우도 있습니다.

발작은 주로 뇌종양, 뇌염과 같은 뇌의 이상이 원인입니다. 하지만 원인불명의 특발성 발작인 경우도 많습니다. MRI와 뇌척수염 검사 등을 통해 뇌에 어떤 문 제가 있는지 먼저 확인하고, 원인이 있는 경우에는 그에 맞춰 내외과적 치료가 필요합니다. 원인불명의 경우에는 발작을 진정시켜 주는 진경제를 투여하면서 발작이 멈추는지 지켜봐야 합니다. 발작이 주기적으로 반복되는 강아지의 경우 에는 진경제의 양을 조절해 가면서 장기적으로 투여하는 것이 필요합니다.

발작이 수분 이상 지속되는 경우에는 생명이 위험할 수도 있습니다. 아래의 주 의사항을 숙지하여 발작이 일어났을 경우에 대비하는 것이 좋습니다.

🐶 발작이 발생했을 때 이렇게 하세요!

▌ 전조증상이 나타나는지 확인!

발작의 전조증상으로 침흘림, 멍해짐, 눈동자의 흔들림, 심한 근육 떨림 등이 나타날 수 있습니다. 이런 증상이 지속될 경우는 강아지를 흥분시키지 않고 안정시키는 것이 좋습니다. 전조증상이 10분 이상 지속되거나 단기간에 3회 이상 반복될 경우에는 수의사에게 문의한 후 바로 병원에 가는 것이 좋습니다.

▌ 발작을 안정시키는 방법!

발작이 시작되면 우선 강아지를 안정시켜야 합니다. 시원하고 사방이 푹신한 곳에 내려놓아서 부딪힘으로 인한 추가 손상이 발생하지 않도록 합니다. 절대로 안고 있지 않도록 합니다. 안고 있으면 더 흥분을 유발하고, 심한 발작 시에는 떨어뜨려서 외상이 발생할 수도 있습니다.

응급으로 사용할 수 있는 진경제를 병원에서 처방받은 경우에는 직장 내로 투여(직장 내 투여가 가능한 약물인 경우)하거나 발작이 완전히 끝난 후 구강으로 투여합니다. 발작 중에는 구강 내로 물이나 음식물, 약 등을 투여하지 않습니다. 스스로 삼킬 수 있는 능력이 현저히 떨어지기 때문에 기관지로 넘어갈 위험이 있습니다.

▌ 발작이 끝난 후!

강아지가 발작이 멈추면 자극하거나 흥분시키지 않도록 합니다. 발작이 한 번으로 끝나지 않는다면 두 번째 발작이 끝난 후 수의사와 상담하에 병원으로 옮기도록 합니다.

36
기절을 해요

반려동물이 갑자기 의식을 잃거나 사지가 뻣뻣해지면서 기절하는 경우가 있습니다. 아무 이유 없이 나타나기도 하고, 흥분했을 때 나타나기도 합니다. 가장 많은 원인은 심장의 이상입니다. 심장병은 급사할 수도 있을 만큼 위험한 질환이기 때문에 기절하는 증상이 있다면 바로 검사받아야 합니다.

🐶 기절의 원인

▌심장질환

심장질환은 기절의 가장 많은 원인입니다. 심장의 판막질환이나 심장사상충, 폐성 고혈압, 부정맥 등의 심혈관계 이상이 있는 경우 기절이 나타날 수 있습니다. 심장병으로 인해 기절할 경우 혀나 구강점막의 청색증이나 호흡곤란 등이 동반될 수 있습니다. 치료를 하지 않으면 응급상황이 생길 가능성이 높으므로, 가장 먼저 심장의 이상을 확인해 봐야 합니다.

▌저혈당

어린 강아지에게서 나타날 수 있습니다. 자견들은 조금만 굶어도 쉽게 저혈당이 나타날 수 있습니다. 그래서 자견들은 사료를 하루 4~5회 주는 것을 권장합니다. 췌장암이나 간암 등의 종양환자의 경우에는 인슐린 유사 호르몬 과분비로 인한 저혈당이 나타날 수 있습니다. 또 매일 인슐린 주사를 맞는, 당뇨병을 앓는 개의 경우에도 역시 저혈당이 나타날 수 있습니다. 이러한 개들에게서 기절하는 증상이 나타날 경우에는 혈당을 체크해서 필요한 처치를 할 수 있도록 항시 준비해야 합니다.

부신피질 기능 저하증(Addison's disease)의 경우에도 저혈당으로 인한 기절의 증상이 나타날 수 있습니다. 정기적인 검사와 투약으로 증상을 완화시키고 예방할 수 있습니다.

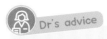

집에서 할 수 있는 저혈당 처치법!
저혈당으로 기절할 경우 빨리 병원에 데려가서 혈당을 재보고 포도당 수액을 맞는 것이 가장 좋은 방법입니다. 이것이 여의치 않을 경우 집에서 할 수 있는 방법은 진한 설탕물이나 꿀 등을 먹여 보는 것입니다. 단, 이때는 스스로 삼키는 능력이 현저히 떨어졌으므로 혀에 적셔 주는 정도가 좋습니다. 너무 억지로 다량을 먹이려 할 경우 기관지로 오연되어 오연성 폐렴을 유발할 위험이 있습니다.

부신피질 기능 저하증이란?
강아지 호르몬 질환 중에서 가장 많이 발생하는 질환이 부신 호르몬 이상입니다.
부신의 바깥쪽인 부신피질에서 코티솔 분비를 촉진시키는 글루코코르티코이드 호르몬과 성호르몬, 전해질을 조정하는 미네랄로코르티코이드 같은 호르몬들이 분비됩니다. 그러나 부신피질이 손상을 받아 호르몬들이 결핍되면 저혈당, 식욕부진, 몸의 떨림, 구토, 기력저하와 같은 증상들이 나타납니다. 혈액검사를 해보면 전해질 불균형이 나타난 것을 알 수 있습니다. 위의 증상들은 아이들이 몸이 아플 때 나타나는 일반 증상들이기 때문에 처음에는 대수롭지 않게 여기고, 수액 등의 대증처치만 받는 경우가 많습니다. 또 대증처치 후에는 증상이 호전되기도 합니다. 하지만 일시적인 호전이기 때문에 곧 다시 같은 증상이 재발됩니다. 일반적인 처치에도 계속 증상이 재발된다면 꼭 검진받아야 합니다. 혈액검사 및, 부신 호르몬 검사를 통해 진단할 수 있습니다. 진단 후에는 꾸준한 약물 투여와 관리가 필요합니다.

▎기면증(Narcolepsy, Cataplexy)

드물지만 강아지에게서 기면증이 나타나는 경우가 있습니다. 사람과 마찬가지로 갑자기 수면상태에 빠지거나(Narcolepsy) 정신은 깨어 있는데 갑자기 근육이 마비되며 쓰러지는(Cataplexy) 증상이 나타납니다. 원인은 아직 명확하지 않습니다만, 신경 전달호르몬 문제거나 면역계의 이상, 또는 푸들, 닥스훈트, 래브라도 리트리버 등의 유전적인 소인으로 추정하고 있습니다. 원인불명이 많고 진단이 어려우며 뚜렷한 치료 방법도 아직 없습니다.

1. 심장질환 여부를 먼저 평가해야 합니다. 청진, 방사선, 초음파 등으로 심장 기능의 평가를 하고, 키트 검사를 통해 심장사상충 여부를 확인해야 합니다.

2. 기본 혈액검사 및 혈당 체크를 통해 저혈당, 부신피질 기능 저하증과 같은 대사성 질환의 가능성을 확인합니다.

3. 1, 2번의 검사에서 특이사항이 없는 경우에는 기절하는 증상을 면밀히 관찰 후에 기면증 여부를 결정합니다.

4. 원인에 따른 치료를 실시합니다. 그러나 신경성 기면증인 경우 치료가 불가능할 수 있습니다.

37
헉헉대고 숨을 잘 못 쉬어요

헉헉대는 것은 크게 세 가지 이유가 있을 수 있습니다.

1. 체온을 낮추기 위해서!
2. 흥분해서!
3. 호흡곤란으로 인해!

1, 2번은 강아지의 성격이나 환경에 따라 정상적인 현상일 수도 있지만, 3번은 호흡기나 순환기에 문제가 있어서일 수도 있습니다. 특히 너무 자주 헉헉대거나 나이가 많은 경우에는 질환을 의심해 봐야 합니다.

헉헉대는 원인

더워서?

강아지는 체온 발산을 구강과 발바닥으로만 할 수 있습니다. 더운 여름철이나 운동 후에 체온이 올라가게 되면 체온 발산을 위해 헉헉대게 됩니다. 정상적인 현상입니다.

흥분해서?

예민하거나 과도하게 흥분하는 등의 심리적인 원인 때문에 헉헉대는 증상이 나타날 수 있습니다.

뚱뚱해서?

비만한 강아지는 쉽게 헉헉대고 호흡곤란도 발생합니다.

질환이 있는 경우?

- 심장병 – 심장질환, 심장사상충 등의 문제가 있는 경우
- 기관지, 폐 등의 호흡기 질환 – 기관지 허탈, 염증, 폐렴, 폐수종, 폐출혈, 종양 등의 원인
- 단두종 증후군 – 특히 머리가 눌린 아이들의 경우, 콧구멍 좁아짐, 연구개 늘어짐 등의 원인

- 흉강 질환 – 기흉, 혈흉, 흉강의 외상 등의 원인
- 코의 질환 – 비강의 염증, 종양 등의 원인으로 코로 숨 쉬기가 어려운 경우
- 통 증 – 통증이 있는 경우

호흡곤란으로 인한 혁혁대는 증상은 청색증이 있거나 가만히 누워서도 계속 혁혁대는 등의 증상을 동반하는 경우가 많습니다. 심하게 혁혁대는 증상은 체내에 산소공급을 부족하게 하기 때문에 저산소증, 쇼크 등을 야기할 수 있으므로 원인을 빨리 찾아야 합니다. 기본적인 신체검사, 청진, 방사선 검사 등을 실시하고, 필요할 경우 원인에 따른 정밀검사를 하여 적절한 처치를 받는 것이 중요합니다.

38

기침을 심하게 해요

기침을 하는 것은 호흡기의 문제가 있다는 신호일 수 있습니다. 일시적인 기침은 자극 때문일 수도 있지만, 정도가 심하고 오래간 다면 기관지나 폐와 같은 호흡기 질환을 의 심해 볼 수 있습니다. 호흡기 질환, 특히 폐 렴인 경우 급성으로 진행되면 위험할 수 있 기 때문에 빠른 처치가 필요합니다.

▎바이러스 감염

켄넬 코프나 인플루엔자, 홍역 바이러스 등의 바이러스가 호흡기 감염을 일으킬 수 있습니다. 주로 다른 강아지로부터 감염되며, 공기를 통해 감염될 수 있습니다. 이렇기 때문에 강아지가 질병에 걸렸을 경우 치료가 끝날 때까지는 다른 강아지와의 접촉을 자제해야 합니다. 증상이 심할 때는 발열과 식욕감소, 기력소실 등의 증상을 동반합니다. 켄넬 코프와 인플루엔자의 경우 감염률은 높지만, 치사율이 낮고 회복도 잘되는 편입니다. 그에 반해 홍역은 소화기나 신경계 등 다른 장기에 문제를 일으키면서 치사율도 높은 편이기 때문에 특히 더 주의해야 합니다. 이러한 바이러스성 질환은 규칙적인 예방접종을 통해 예방할 수 있습니다.

▎곰팡이 · 세균 감염

바이러스 외에 곰팡이나 세균도 호흡기 감염을 일으킬 수 있습니다. 감염되면 폐렴으로 나타나는데, 주로 더러운 환경에서 생활할 때 주로 발생합니다. 강아지의 생활환경을 깨끗이 하고, 더러운 것에 노출시키지 않는 것이 중요합니다.

▎노령성 기관지염

노령으로 인한 만성기관지염이 발생할 수 있습니다. 노령성 기관지염의 경우 기관지의 퇴행성 변성이 나타난 것으로 치료가 잘되지 않고, 환경이나 계절의 변화에 따라 심해지기도 합니다. 심할 때는 약물로 관리하되 평소 습윤하고 따뜻한 환경을 만들어 주는 것이 좋습니다.

▌폐질환

이 외에 이물이 호흡기로 들어가거나 물이나 음식물이 폐로 들어가 오연성 폐렴 등이 발생할 수 있습니다. 또 폐수종이나 폐출혈, 폐염전과 노령견의 경우에는 폐종양 여부도 확인해야 합니다.

▌심장질환·심장사상충

심장사상충과 같은 심장질환이 있을 때도 기침을 할 수 있습니다. 심장기능의 저하로 폐혈관에 부하가 생겨 폐수종 등의 문제가 발생하기 때문입니다. 따라서 기침하는 강아지는 꼭! 심장질환 여부도 확인해야 합니다.

▌생활 환경적 요소

담배연기, 먼지, 계절 변화 등 생활에서 발생하는 여러 자극으로 인해 기침을 할 수 있습니다. 특히 담배연기는 강아지의 호흡기에 매우 해롭습니다. 사람과 마찬가지로 기관지염이나 폐렴에서 심하면 폐종양까지 유발할 수 있습니다. 생활 자극에 의한 기침은 호흡기를 자극하는 요소를 없애는 것이 가장 중요한 치료입니다.

| 진단과 치료

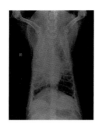

폐렴 환자의 방사선 사진. 염증으로 폐가 하얗게 보인다.

호흡기 질환이 의심될 경우 기본 신체검사와 청진 및 방사선 검사를 통해 어느 정도 진단이 가능하지만, 보다 정확한 원인을 평가하기 위해서는 호흡기 내시경 검사, 기관지 세척, CT 검사 등이 필요합니다. 대부분의 호흡기 질환은 내과적 치료를 실시하고, 간혹 호흡기의 이물이나 폐종양과 같은 경우 수술이 필요할 수 있습니다.

기침과 혼동되는 증상

간혹 기침 때문에 병원에 온 환자들 중에 실제로는 기침이 아닌 경우들이 있습니다. 기침과 혼동되는 증상에는 어떤 것들이 있을까요?

| 재채기

사람처럼 강아지도 재채기를 합니다. 차이점이라면 재채기 소리로 사람은 "에이취", 강아지는 "크히히히힝" 하는 정도입니다. 알레르기가 있어 자극이 되거나 맑은 콧물이 나올 때 목에서 나오는 기침이 아닌 크게 코푸는 듯 재채기를 하게 됩니다. 재채기는 대부분 일시적인 자극이 원인인 경우가 많기 때문에 크게 걱정하지 않아도 됩니다. 단, 재채기를 하면서 코피가 나거나 재채기가 하루에도 10여 회 이상 또는 3일 이상 지속된다면 비강에 문제가 있을 수 있으니 확인해야 합니다.

역 재채기(Reverse sneezing)

갑자기 천식환자처럼 숨을 거칠게 들이쉰다거나 숨넘어가는 소리를 내는 경우가 있습니다. 그러다가도 30초에서 1분 정도 지나면 언제 그랬냐는 듯이 멀쩡해집니다. 이런 증상을 "역재채기" 또는 "리버스 스니징"이라고 합니다. 보통 수십 초간 갑자기 숨을 들이마시는 것을 힘들어하거나 근육의 경련처럼 껄떡대면서 숨을 쉽니다. 주로 연구개나 후두부가 자극으로 인해 일시적인 경련이 일어나거나 심한 운동이나 흥분 또는 목줄에 의한 물리적인 압박 등에 의해서도 발생할 수 있습니다. 대부분 일시적인 자극이기 때문에 큰 문제가 되지는 않으며, 치료받을 필요는 없습니다. 단, 이 또한 너무 심하게 오래 또는 자주 일어나거나 지속되면 상담을 받아보는 것이 좋습니다.

거위 소리

호흡할 때 거위 소리와 같은 심한 그르릉 소리가 나는 경우가 있습니다. 이런 경우 기침이 아니라 기관지협착일 가능성이 높습니다.

무엇을 뱉어 내려는 행동

자꾸 목에 뭔가 걸린 것처럼 "케에에엑" 하고 뱉어 내려고 하는 경우가 있습니다. 이런 경우 실제로 식도에 이물이 걸린 경우가 많습니다. 잘못 먹은 것이 없는지 확인해 보고, 증상이 심하면 방사선이나 내시경 검사를 받아 봐야 합니다.

기침! 이럴 때는 꼭 병원에 가세요!

1. 3일 이상 기침이 지속되거나 점점 심해진다.
2. 강아지가 무기력하다.
3. 잘 먹던 강아지가 먹지 않는다.
4. 열이 난다.
5. 종종 혀가 파래지는 청색증을 보인다.
7. 기침 외에도 원래 가지고 있는 질환이 있다.

집에서 할 수 있는 기침 관리법

1. 담배연기, 먼지 등 알레르기가 될 수 있는 것을 없앤다.
2. 겨울철에는 실내를 따뜻하고 습윤하게 유지한다.
3. 기관지염인 경우 목에 스카프 등을 둘러 주어 목을 따뜻하게 유지한다.
4. 물을 많이 먹인다. 단, 기침하는 중에 물이나 약을 억지로 먹이지 않는다(오연성 폐렴이 유발될 가능성이 있다).
5. 손을 동그랗게 모으고 강아지의 등을 두드려 가래 등 삼출물의 배출을 용이하게 도와준다.

가래 등이 잘 나오도록 등을 두드려 준다.

거위 소리 같은 소리를 내요

흥분 상태 또는 평상시 숨 쉴 때 거위 같은 "꺽꺽" 소리를 내는 강아지들이 있습니다. 이런 경우 십중팔구는 기도협착증입니다.

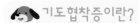

기도협착증이란?

원형의 정상 기관지(왼쪽)와 기관허탈이 발생하여 눌려진 기관지(오른쪽)

기도협착증은 기도가 좁아지는 질환입니다. 원통형의 구조물인 기도가 연골의 변형이나 주위 근육의 늘어짐 등의 소인으로 인해 눌리게 되면 기도 내강이 좁아지면서 공기 흐름이 원활하지 않아 숨을 쉴 때마다 저항이 걸리면서 "꺽꺽" 하는 거위 소리가 나게 됩니다. 주로 소형견에서 나타나며, 노령의 비만한 강아지에게서 많이 발생합니다.

기도협착증을 가진 강아지는 숨 쉬는 것이 힘들기 때문에 다음과 같은 증상들을 보입니다. 특히 거위 소리는 매우 특징적인 증상입니다.

- 평상시 또는 흥분했을 때 "꺽꺽"거리는 거위 소리를 낸다.
- 혀가 자주 파래진다.
- 자주 구토하려는 증상을 보인다.
- 평소에도 자주 헉헉거린다.
- 잘 움직이지 않는다.

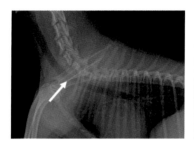
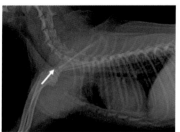

정상기관 방사선 사진   기도협착 방사선 사진

 진단과 치료는?

방사선 사진이나 투시와 같은 영상진단검사로 확진할 수 있습니다. 보다 정밀한 검사가 필요할 경우 기관지 내시경 검사를 할 수도 있습니다. 협착의 정도가 심하지 않을 경우는 체중관리와 기관지 확장제 같은 약물치료로 증상을 완

화시켜 진행을 최대한 늦출 수 있습니다.

협착이 심한 경우에는 약물치료로 효과를 볼 수 없고, 호흡곤란 등 응급상황이 발생할 가능성이 높기 때문에 빨리 수술로 기관지를 넓혀야 합니다. 수술이 가장 확실한 방법이지만, 후유증이 발생할 수 있기 때문에 수술 전 충분한 상담을 해야 합니다.

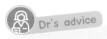

집에서 할 수 있는 처치법! - 기도협착증 관리
- 기도협착 소인이 있는 강아지는 특히 살찌지 않게 주의!
  비만은 증상을 악화시키는 주요 원인입니다. 소인이 있는 강아지라면 체중 관리에 신경 써주세요! 하지만 과격한 운동이나 흥분은 순간적으로 심한 협착을 만들 수 있습니다. 식이 관리와 가벼운 산책 등으로 체중을 관리해 주세요.
- 더울 때는 호흡곤란이 더 심해집니다! 너무 덥지 않도록 시원하게 유지!
  강아지는 구강으로 체온을 발산하기 때문에 체온이 올라가면 더 많이 헉헉대게 됩니다. 건강한 강아지에서는 문제가 안 되지만 기도협착증이 있는 강아지는 헉헉대는 것 자체가 호흡곤란을 더 심하게 할 수 있습니다. 따라서 항상 시원한 환경을 유지하는 것이 중요합니다.
- 심한 협착증의 경우는 응급상황에 미리 준비!
  청색증이 발생하거나 심한 호흡곤란으로 쓰러진 경우 응급상황입니다! 바로 병원으로 옮겨서 처치를 받는 것이 좋지만, 병원으로 옮기다가 쇼크가 오는 경우도 많기 때문에 주의해야 합니다. 증상이 심한 아이라면 집에서 산소를 공급해 줄 수 있는 기구를 준비해 두거나, 응급상황이 왔을 때 투여할 수 있는 약을 상비해 두는 것이 좋습니다. 또 응급 시에는 담당 수의사와 상의하에 이동 여부를 결정하는 것이 좋습니다.

이런 강아지들은 기도협착증을 특히 조심해주세요!
- 요크셔 테리어, 포메라니안, 말티즈, 토이 푸들
- 비만한 소형견
- 어릴 때부터 유난히 헉헉대고, 운동하는 것을 싫어하는 강아지
- 방사선 검사에서 기관협착 소인을 확인받은 강아지

🐾40 코를 심하게 골아요

"우리 강아지는 잘 때 코를 골아요. 너무 귀엽죠?" 하는 보호자를 종종 만날 수 있습니다. 부끄럽지만 저희 강아지도 한 코골이 했답니다.

코를 고는 모습이 귀엽기는 하지만, 단순히 "귀여운 행동"으로만 볼 수는 없습니다. 코를 곤다는 것은 어떤 원인으로 공기흐름에 저항이 생겨 숨 쉬는 것이 원활하지 않다는 의미이기 때문입니다. 심한 강아지는 호흡곤란으로 인해 2차적인 문제가 발생할 수 있기 때문에 검진과 치료가 필요합니다.

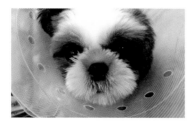

🐶 코골이의 원인

코골이는 주로 상부 호흡기, 즉 콧구멍에서부터 비강, 후두 부위 등에 문제가 있을 경우 발생합니다.

콧구멍이 좁은 시추

- 콧구멍 협착
- 입천장(연구개)의 늘어짐
- 비만으로 인한 후두 주위의 비대한 조직들
- 비강의 종양
- 알레르기로 인한 점액의 과도한 분비
- 기관협착증

콧구멍 협착이나 입천장이 늘어지는 것은 단두종인 강아지에게서 많이 나타납니다. 따라서 단두종인 강아지, 특히 비만한 강아지에게서 코골이가 많이 발생합니다.

노령견에서 코골이가 갑자기 심해졌다면 비강의 종양을 의심해야 합니다. 또 별다른 문제가 없어 보이는데도 코골이가 있다면 담배연기나 다른 알레르기가 있는지, 기관협착증이 있는지 확인해야 합니다.

콧구멍 협착과 입천장의 늘어짐을 방치하여 후두허탈이 발생한 환자

심한 코골이를 방치하면 공기의 저항으로 인해 후두나 기관의 2차적인 변화가 발생할 수 있습니다. 이럴 경우 잘 때뿐만이 아니라 평소에도 코고는 소리가 심해진다든지, 청색증, 호흡곤란이 심해지는 등의 심각한 증상이 발생할 수 있습니다. 이러한 2차적인 문제들은 치료가 더 힘들고 결과도 좋지 않을 수 있기 때문에 이러한 문제가 발생하기 전에 코골이를 치료하는 것이 좋습니다.

진단과 치료는?

콧구멍 협착의 수술 전 모습

콧구멍 협착 수술 후 콧구멍이 넓어진 모습

육안으로 체크해 보는 것이 좋습니다. 콧구멍 크기, 입천장의 길이, 후두구조 등을 눈으로 확인하는 것이 정확합니다. 이때 입천장과 후두 등 구강 안쪽을

보기 위해서는 가벼운 진정이 필요합니다. 그 외에 방사선 검사나 초음파 검사, CT 검사를 통해 정밀한 구조를 평가할 수 있습니다.

치료는 원인에 따라 다양합니다. 예를 들어 콧구멍이 좁거나, 입천장이 늘어진 경우에는 콧구멍을 넓혀주고, 입천장의 일부를 잘라내는 수술이 효과적입니다. 다른 원인이 있을 경우 그 원인에 따른 내·외과적 치료 및 환경관리가 중요합니다.

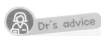
Dr's advice

단두종 증후군이란?

콧등과 주둥이가 짧은 강아지들을 단두종이라고 합니다. 주위에서 많이 볼 수 있는 시츄나 페키니즈 같은 강아지들이 대표적입니다. 이런 강아지는 콧구멍이 좁고 입천장이 늘어져 있는 경우가 많은데, 이로 인한 증상들을 단두종 증후군이라고 합니다. 주로 코골이나 헥헥대는 증상을 나타내며, 심할 경우 청색증 등의 호흡곤란 증상이 나타나기도 합니다. 단두종 증후군은 구조적인 문제이기 때문에 약물치료로는 효과를 보기가 어렵습

단두종 증후군 모식도

니다. 증상을 유발하는 원인들을 평가한 후, 수술적으로 교정하는 것이 가장 효과적입니다.

41
배가 불렀어요

배가 부른 상태

갑자기 우리 강아지가 배가 불러온다면?!
단순하게는 살이 찐 것에서부터 심각하게는
복수가 차거나 종양이 생긴 경우까지 다양
한 원인들이 있습니다. 원인에 따라 매우 위
험한 질병일 수 있으므로 다음의 원인에 해
당하는지 확인해야 합니다.

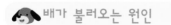 배가 불러오는 원인

| 체중 증가 – 복강 내 지방 증가
| 임 신

위장관 확장 – 염전

위장관이 폐색 또는 꼬이면서 심하게 확장될 경우. 주로 대형견에게서 발생되며, 수 시간 내에 급작스럽게 배가 불러오는 것이 특징입니다.

자궁 확장

자궁수종이나 자궁축농증과 같이 자궁 안에 액체나 농이 차는 질환. 구토, 식욕감소, 무기력 등을 동반하는 경우가 많습니다.

복 수

복강 안에 삼출물이 차는 상태로 복수가 차는 원인은 다양합니다. 위장관이 파열되거나 방광이나 요관이 파열되면서 소변이 차는 경우가 있고, 혈중 저단백으로 인해 복수가 차는 경우, 심부전이나 간부전 등으로 인해 복수가 차는 경우도 있습니다. 또 복강 내 출혈로 피가 차는 경우도 있습니다. 정밀검사를 통하여 복수의 종류와 원인을 찾는 것이 매우 중요합니다.

종 양

복강 안에 종양이 발생한 경우. 간, 신장, 비장 등 복강 장기뿐만 아니라 임파선이나 복벽 등에도 종양이 발생할 수 있습니다.

▌복부 근육 약화, 무력

배 안에 문제가 생긴 것이 아니라 배를 탄탄하게 받쳐주는 복부 근육이 무력해지면서 배가 처지는 경우가 있다. 이 또한 배가 부른 것처럼 보일 수 있다. 대부분 원인은 부신피질기능항진증과 같은 호르몬 이상이다. 그 외에 복부근육과 연결된 흉·요추 신경의 문제인 경우도 드물게 있다.

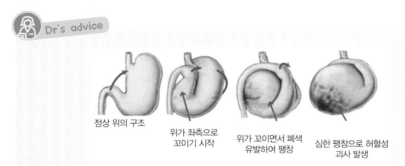

Dr's advice

정상 위의 구조   위가 좌측으로 꼬이기 시작   위가 꼬이면서 폐색 유발하여 팽창   심한 팽창으로 허혈성 괴사 발생

위확장-염전 모식도

위확장-염전(GDV ; Gastric dilatation-volvulus)이란, 주로 몸통이 큰 대형견에서 발생하는데 위가 꼬이면서 막혀 위내의 내용물과 가스가 장으로 빠져나가지 못해 위가 풍선처럼 빵빵해지는 질병입니다. 위가 팽창하면 주위 흉강과 복강의 장기들을 압박하게 되는데, 이로 인해 주위 장기의 허혈성 손상이 나타나게 됩니다.
대형견에서 주로 나타나며, 밥 먹은 직후 갑자기 격렬한 운동을 하는 경우 발생확률이 높습니다. 일단 GDV가 발생하면 수 시간 안에 위가 급속도로 팽창하게 됩니다. 대형견의 배가 갑자기 부르고, 배를 두드렸을 때 "텅텅" 거리는 북 소리가 나면 GDV를 의심해야 합니다. GDV는 매우 응급한 질환입니다. 발생하면 수 시간 안에 치명적일 수 있으므로 의심되는 증상을 보이면 즉시 병원에 가야 합니다. 위 안에 가득 찬 가스를 빼 감압을 하고 안정시킨 후에 위가 다시 꼬이지 않도록 고정하는 수술이 필요합니다.
GDV는 일단 발생하면 치료시기를 놓쳐 죽는 경우가 많기 때문에 예방하는 것이 가장 좋습니다. 예방은 위가 꼬이지 않게 위를 복벽에 고정시켜주는 수술이 필요합니다.

이럴 때는 바로 병원으로!

▌배가 갑자기 불렀을 때

수 시간 또는 수일 안에 배가 갑자기 불렀다면 치명적인 질환일 가능성이 높습니다. 자궁축농증, 위확장-염전, 복강장기의 파열로 인한 복수나 복강 내 출혈 등과 같은 응급처치가 필요한 질환일 수 있으니 바로 병원으로 가야 합니다!

▌천천히 불러오면서 다른 증상을 동반할 때

배가 천천히 불러오는 경우에는 응급은 아닌 경우가 많습니다. 하지만 구토, 설사, 식욕감소, 무기력 등 다른 전신증상이 나타나고 있다면 빠른 처치가 필요할 수 있습니다. 다른 증상을 동반한다면 바로 검사받는 것이 좋습니다!

진단과 치료는?

배가 불러오는 원인을 찾기 위해 방사선 검사와 초음파 검사, 혈액 검사 등이 필요합니다. 복강장기의 파열이 의심되면 방사선 조영검사를 할 수 있으며, 종양이 의심되면 CT 검사, 복수가 있을 경우에는 복수의 세포학 검사, 호르몬 검사 등이 필요합니다. 이러한 검사를 바탕으로 원인을 찾고 원인에 따른 치료가 시행됩니다.

42
황달이 있어요

황달이란 피부나 점막(눈의 흰자위, 잇몸 등)이 누런색으로 변하는 상태를 말합니다. 황달이 나타나는 이유는 몸 안에 빌리루빈(bilirubin)이라는 색소가 쌓이기 때문인데, 이 색소는 담즙을 구성하는 황갈색 색소로 체내에 쌓이면 피부나 점막이 누렇게 변하게 됩니다. 즉, 황달이 있다는 것은 현재 몸 상태가 매우 안 좋다는 이야기입니다. 어디가 어떻게 안 좋으면 황달이 생기는지 한번 볼까요?

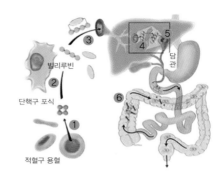

황달이 나타나는 원인

황달이 나타나는 원인은 빌리루빈이 과도하게 생성되거나, 배출이 잘 이루어지지 않아 몸에 쌓이기 때문입니다.

황달의 원인 모식도

빌리루빈 과다 생성

용혈(모식도 ①)

많은 적혈구가 파괴되면 적혈구 내에 있는 빌리루빈이 다량으로 나와 쌓이게 됩니다. 중독, 면역 매개성 용혈성 빈혈, 수혈 부작용으로 인한 용혈 등 적혈구가 파괴되는 질환들을 의심해 볼 수 있습니다.

빌리루빈 대사 · 배출 이상

- **간 기능 장애(모식도 ④)**

  간은 빌리루빈 배출에 적절한 형태로 대사하는데, 간이 손상되었을 경우 이러한 대사가 이루어지지 않으면서 빌리루빈이 쌓이게 됩니다. 간염, 간경화, 간종양 등 간실질의 손상의 경우 황달이 나타납니다.

- **담도 폐색(모식도 ⑤)**

  빌리루빈은 간을 거쳐 담도를 통해 장으로 배출됩니다. 담도가 폐색된 경우 배출이 안 되면서 빌리루빈이 쌓이게 되고 황달이 나타납니다. 담도를 폐색시키는 담도염, 담낭 점액종, 담석, 췌장염 등의 질환들을 의심해 볼 수 있습니다.

 진단과 치료는?

기본적인 신체검사, 혈액검사를 통해 빈혈과 간기능, 빌리루빈 수치 등을 확인해야 합니다. 그 후 방사선 검사와 초음파 검사 등을 통해 간과 담도의 기능을 평가하고, 종양이 의심될 경우 CT 검사 등의 정밀검사가 필요할 수 있습니다.

황달이 나타나는 경우 구토와 설사, 복통 등 다른 전신증상을 동반하는 경우가 많습니다. 이러한 증상을 컨트롤하기 위한 대증치료와 함께 정확한 원인을 진단하고, 그에 따라 치료하는 것이 중요합니다.

Dr's advice

주의사항!
황달은 지금 몸이 매우 아프다는 신호입니다! 대부분 다른 증상들이 동반되지만, 간혹 뚜렷한 증상이 없는 경우도 있습니다. 그렇다 하더라도 간담도계의 문제가 심각하거나 빈혈이 심할 수 있기 때문에 바로 검사받고 치료해야 합니다.

43
피부와 점막이 창백해요

결막(왼쪽)과 잇몸(오른쪽) 등 점막이 창백한 모습

피부와 점막, 특히 잇몸이나 눈의 흰자위, 귀와 같은 부분이 창백해진다는 것은 빈혈, 다시 말해 "피가 모자라다"는 뜻입니다. 빈혈은 혈액의 적혈구가 정상 이하로 감소된 상태입니다. 산소를 조직으로 운반하는 적혈구가 결핍되면 저산소증이 발생하게 되고, 조직에서 산소를 이용하지 못하다 보니까 조직이 손상되며, 심할 경우 죽을 수도 있습니다.

🐶 빈혈이 나타나는 원인

적혈구가 부족해지는 원인은 크게 적혈구가 소실·파괴되거나, 적혈구의 생산이 감소된 경우로 나눌 수 있습니다.

적혈구의 소실

• 대량 출혈

  출혈이 심한 경우 적혈구의 생산보다 소실이 많아지면서 빈혈이 나타날 수 있습니다. 외상으로 인한 출혈, 종양이나 장기에서의 출혈, 지혈장애로 인한 출혈 등이 원인일 수 있습니다.

• 용혈

  적혈구가 파괴되는 현상인 용혈이 있을 때 빈혈이 나타날 수 있고, 황달을 동반할 수 있습니다. 용혈의 가장 많은 원인은 자가면역 매개성 용혈성 빈혈입니다. 그 외에도 중독, 기생충, 종양 등으로 인한 용혈이 발생할 수 있습니다.

적혈구의 생산 감소

• 적혈구를 생산하는 골수가 억압된 경우 적혈구가 잘 만들어지지 않기 때문에 빈혈이 발생합니다. 골수의 억압을 야기하는 질환에는 골수의 종양, 신장이나 간 등의 만성질환, 갑상선 기능 저하증, 중독, 자가면역질환, 영양 불량 등이 있습니다.

면역 매개성 용혈성 빈혈이란?

면역 매개성 용혈성 빈혈은 자기 몸의 적혈구를 자신의 백혈구가 공격하는 질환입니다. 적혈구를 적으로 인식해 몸에서 항체를 만들어 공격함으로써 적혈구가 파괴되면서 빈혈이 발생합니다. 소형견의 빈혈의 원인 중에서 많은 수를 차지하는 질환으로, 아직 원인이 명확히 밝혀지지 않아서 빈혈이 심할 경우 수혈과 면역억제제를 통해 치료합니다.

진단과 치료는?

수혈 중인 환자

점막이 창백할 경우 일단 혈액검사를 통해 빈혈 여부를 확인해야 합니다. 빈혈 상태가 심할 경우 수혈이 가장 먼저 필요합니다. 혈액형 검사 후에 강아지에게 적합한 혈액으로 수혈하고 빈혈상태를 먼저 교정해야 합니다. 그 후 적혈구의 소실·파괴에 의한 것인지, 생산부족에 의한 것인지를 확인하는 각종 혈액검사 및 골수검사 등이 필요하며, 원인에 따른 치료가 적용되어야 합니다.

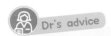

강아지의 혈액형과 수혈!

강아지는 다양한 타입의 혈액형을 가지는데, 보통 6개의 그룹으로 구분합니다. 적혈구에 대한 항체를 가지고 있지 않기 때문에 대부분 첫 수혈에서는 거부반응 없이 안전하게 수혈이 가능합니다. 그러나 일단 한번 수혈을 받게 되면 항체가 생기기 때문에 두 번째 수혈부터는 수혈 거부반응이 나타날 수 있습니다. 따라서 수혈 전 혈액형 검사와 교차반응 등 거부반응 여부를 먼저 확인합니다.

혈액형 검사 키트

수혈 거부반응은 수혈받은 적혈구를 공격하고, 심하면 자기 자신까지 공격할 수 있어서 생명까지 위험해지기도 합니다. 구토, 발열 등 전신증상에서부터 용혈로 인한 황달, 혈뇨, 출혈 등의 증상이 나타날 수 있습니다. 수혈 전 수의사와 충분한 상담이 필요합니다.

피부에 반점들이 생겨요

피부의 색이 변하고, 반점들이 생기는 것은 증상에 따라 원인이 천차만별입니다. 감염, 호르몬 변화와 같은 피부질환에서부터 종양, 더 나아가서는 피부의 문제가 아니라 혈소판 감소증과 같은 지혈장애로 인한 피멍까지 다양한 원인이 있을 수 있습니다.

무증상이고 피부는 깨끗한데 군데군데 반점이 생긴다? 나이에 따른 변화!! 자외선 노출

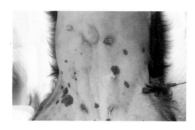

나이에 의한 반점

사람도 나이가 들면 점이나 반점이 생기는 것처럼 강아지도 나이가 들면 없던 반점들이 생기기도 합니다. 이런 경우에는 질환이 아니라 색소침착이기 때문에 증상이 없고, 피부 상태도 깨끗합니다. 잦은 야외활동으로 자외선에 많이 노출될 경우 더 많이 생깁니다.

피부가 지저분하고 끈적끈적하거나 냄새가 나면서 반점이 생긴다? 피부질환!!

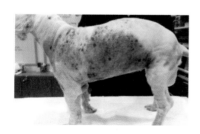

피부염에 의한 반점

기생충이나 세균, 곰팡이 등에 의해 피부가 감염되었거나 아토피 등의 피부질환이 있는 경우 또는 호르몬 질환(갑상선 기능 저하증, 부신피질 항진증 등)이 있으면 염증이 만성화되면서 색소침착이 될 수 있습니다.

▋멍이 든 것처럼 보이면서 창백하다? 지혈장애!!

지혈장애로 인한 반점

혈소판이나 다른 응고인자가 결핍되면 지혈장애가 나타나게 됩니다. 지혈장애가 있으면 피하출혈이 발생하면서 피부에 군데군데 피멍이 들게 되는데, 이것이 반점처럼 보이게 됩니다.

▋피부색이 변하면서 혹이 생긴다? 피부종양!!

종양으로 인한 반점

피부종양인 경우에도 반점이 생길 수 있습니다. 이런 경우 보통 색 변화와 함께 혹이 생기게 됩니다.

외용제 사용 부위에 반점이?

드물게 연고나 파우더, 샴푸, 바르는 기생충약 등 외용제 사용 후 그 부위에 반점이 생기는 경우가 있습니다. 반복적인 피부 자극으로 인한 색소침착이 원인이므로 대부분이 치료가 필요하지는 않습니다.

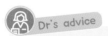 Dr's advice

면역 매개성 혈소판 감소증
위의 질환들 중 가장 치명적일 수 있는 질환 중의 하나가 면역 매개성 혈소판 감소증입니다.
면역 매개성 혈소판 감소증이란, 자신의 혈소판을 외부의 물질로 인식하여 스스로 공격하여 파괴시키는 자가면역성 질환입니다. 이 질환이 발생할 경우 혈소판뿐만 아니라 적혈구도 함께 공격함으로써 면역 매개성 용혈성 빈혈을 동반하는 경우가 많습니다.
혈소판은 혈액을 응고시키는 물질이기 때문에 부족하면 신체의 여기저기서 출혈이 발생하게 됩니다. 가장 흔한 증상은 피하출혈로 인한 피멍이 발생하게 되고, 혈뇨, 코피 등의 증상이 발생하기도 합니다. 출혈이 지속되면 빈혈로 인해 응급처치가 필요하기도 합니다. 면역억제제를 투여해 치료하고, 재발이 잘되기 때문에 지속적인 모니터링이 필요합니다. 또한 이후에도 면역을 자극시킬 수 있는 약물이나 예방접종 등은 피하는 것이 좋습니다.

진단과 치료는?

증상에 따라 원인을 추정하고, 그에 맞춰 검사를 진행합니다. 기본적으로 피부질환의 감별을 위한 피부검사, 호르몬 검사, 아토피 검사 등을 진행하고, 종양이 의심되는 경우에는 조직검사를 진행합니다. 반점이 피멍양상인 경우에는 혈액검사를 통해 혈소판 수치, 빈혈 수치, 응고인자 기능 평가 등을 합니다. 정확한 진단 후에 원인에 따라 치료를 실시합니다.

45
살이 많이 빠져요

강아지들은 사람처럼 스스로 다이어트를 하는 경우가 없습니다. 정말 고도비만이라서 보호자가 작정하고 강제로 다이어트를 시킬 뿐이지요. 먹는 음식의 종류, 양, 등이 거의 일정하기 때문에 성견이 된 후에는 대부분 체중이 크게 변하지 않습니다. 그렇기 때문에 큰 폭의 체중변화가 있다는 것은 건강상에 이상이 있을 가능성이 높습니다. 특히 정상적으로는 살이 찌는 경우보다 살이 많이 빠지는 경우가 더 드물기 때문에, 억지로 다이어트를 시키지 않았는데도 급격히 살이 빠진다면 질환이 있을 가능성이 높습니다.

🐶 살이 빠지는 원인은?

▎영양 불량

급여량이 부족하거나 사료의 질이 안 좋은 경우 살이 빠질 수 있습니다. 보통 어린 자견들의 경우 충분한 영양을 섭취하지 못했을 때 나타납니다.

▎식욕 감소

스트레스, 입에 맞지 않는 사료 등의 이유로 잘 안 먹는 경우 역시 체중이 감소할 수 있습니다.

▎소모성 질환

아래와 같은 만성 소모성 질환이 있는 경우에도 체중이 감소하게 됩니다. 특히 먹는 양의 변화가 없는데도 살이 빠지는 경우 7~8세 이상의 중 · 노령견이 살이 빠지는 경우에는 질환을 의심해야 합니다.

- 위, 장관 질환 : 염증성 장 질환(Inflammatory bowel disease, IBD), 단백 소실성 장 질환, 장 내 기생충, 기타 감염성 장염, 위장관 폐색, 장 절제 수술 후, 식도 염증, 식도 마비, 장 운동성 감소)
- 기타 다른 장기의 질환(심장, 간, 신장, 췌장 등의 만성질환)
- 종 양
- 호르몬 질환(부신피질 기능 감소증, 당뇨, 갑상선 기능 항진증)

- 만성출혈
- 심한 피부질환(피부 손상부위를 통해 단백질 소실)
- 뇌 질환(식욕 감소, 씹거나 삼키는 기능 감소)
- 출산 후 새끼들 관리
- 원인불명의 발열, 염증

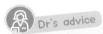
Dr's advice

1. 이런 경우에는 병원에 가봐야 합니다!
   - 체중이 평소보다 10% 이상 감소된 경우!
     (예) 5kg 시추의 체중이 4.5 kg 이하로 감소된 경우)
     체중이 10% 이상 준다는 것은 상당히 많이 살이 빠졌다는 뜻입니다. 특히 단기
     간에 체중이 감소된 경우에는 질환일 가능성이 높습니다.

   - 잘 먹는데도 체중이 감소하는 경우!
     평소만큼, 또는 평소보다 더 잘 먹는데도 체중이 감소된 경우에는 만성 소모성
     질환이 있을 가능성이 높습니다.

   - 다른 증상을 동반할 때!
     간헐적이든지, 빈번하든지 간에 전신의 다른 증상들(예) 무기력, 식욕감소, 다음 ·
     다뇨, 구토, 설사, 탈모 등)을 동반한 경우

2. 염증성 장 질환(Inflammatory Bowel Disease, IBD)
   간혹 특별한 원인 없이 지속적인 설사를 하면서 살이 빠지는 아이들이 있습니다. 검
   사에서도 특별한 원인이 없는데, 설사가 멎지 않고 살이 계속 빠진다면 염증성 장
   질환을 의심해야 합니다.
   염증성 장 질환(IBD)이란, 원인불명으로 장의 염증이 생기는 것입니다. 원인을 찾지
   못하는 경우가 많지만, 추정되는 원인은 면역 기능 이상으로 인해 장내 정상 세균총
   을 공격하여 염증이 생기거나, 음식 등에 알레르기 등으로 인해 장염이 발생하는 것
   입니다. 장염이 지속되면서 영양분을 제대로 흡수시키지 못하기 때문에 살이 심하
   게 빠지게 됩니다. IBD가 의심될 경우 조직검사를 통해 확진할 수 있으며 면역억제
   제와 항생제를 통해서 치료하게 됩니다. 완치는 어렵습니다. 증상이 호전되어도 재
   발되는 경우가 많기 때문에 약으로 증상을 조절하면서 관리해야 합니다.

3. 갑상선 기능 항진증

갑상선 항진증은 갑상선 저하증보다는 드물게 나타납니다. 주로 갑상선에 종양이 생긴 경우 또는 갑상선 저하증이 있어서 갑상선 약을 복용 중일 때 너무 과도하게 복용한 경우 항진증이 나타나게 됩니다. 주증상은 잘 먹고, 심지어 평소보다 더 많이 먹는데도 살이 계속 빠지는 것입니다. 식탐이 많아지고 계속 목말라하며, 근육에 힘이 빠져 부들부들거리거나, 쉽게 흥분하고 불안해하는 증상들이 나타나게 됩니다. 털도 푸석푸석해지고 전체적으로 잘 먹는데도 허약해 보이게 됩니다. 이런 증상이 나타날 경우 갑상선 수치나 초음파, CT 검사 등을 통해 갑상선 항진증 여부를 체크받는 것이 좋습니다. 방치할 경우 치명적일 수 있기 때문에 바로 치료하는 것이 좋으며, 원인과 상태에 따라 약물 또는 수술로 갑상선을 제거할 수 있습니다.

진단과 치료는?

나이가 어린 아이들이 살이 자꾸 빠질 때는 식습관을 확인해 봐야 합니다. 사료의 양이 너무 적지는 않은지, 횟수가 부족하지는 않은지, 사료의 품질이 떨어지는지 등을 체크해 보고, 고품질의 사료를 권장량만큼 급여해야 합니다. 간혹 먹던 사료가 질리거나 맛이 없을 경우 안 먹으려고 하는 아이들이 있습니다. 이럴 때는 좀 더 맛있는 사료로 바꿔 주거나, 사료에 고기 파우더(시중에 나와 있는 파우더들을 이용하거나 집에서 닭가슴살 등을 건조해서 갈아줘도 됩니다) 등을 첨가하여 기호성을 좋게 만들어 주는 방법도 있습니다. 아무리 맛있는 것을 줘도 먹지 않는다면 건강에 이상이 있을 수 있으니, 수의사에게 체크받아야 합니다.

7~8세 이상의 아이들이 체중 감소와 함께 다른 증상이 나타나는 경우에는 질환일 가능성이 매우 높습니다. 병원에서 건강검진을 통해 확인하고, 원인에 따른 내·외과적 치료가 필요합니다.

46

살이 너무 쪘어요. 우리 아이 비만도는?

다이어트 계획 짜기(칼로리 계산법)

대부분 강아지, 고양이들은 가정에서 사랑을 받으며 살아가고 있습니다. 따뜻한 집 안에서 맛있는 음식을 먹으며 아주 느긋하고 편하게 말이죠.^^; 허나 그렇게 지내던 아이들은 어느새 통통, 아니 아주 풍뚱한 아이들이 되어 버린다는 사실도 아셔야 할 것입니다.

실제로 집에서 키우는 애완동물들의 20~40%는 비만이라는 사실을 알고 계시나요?

비만은 만병의 근원! 당뇨병, 고혈압, 호흡기 및 심혈관계 질환, 퇴행성 관절염, 만성파행, 특히 고양이의 경우엔 여드름, 탈모 등의 피부질환, 간 지질증(hepatic lipidosis), 하부 요로계 질환(FLUTD) 등의 원인이 될 수 있습니다. 따라서 비만한 아이들은 건강하게 살기 위해!! 다이어트가 필수입니다.

비만도 체크법을 통해 우리 아이의 체형을 파악하고, 원인에 따른 다이어트와 치료가 중요합니다(78p, 「7. 비만 정도 알아보기」 참고).

2장 증상으로 알아보는 애견의 질환 249

열이 나요

열이 나는 원인은 크게 두 종류입니다. 외부의 온도가 과도하게 올라가서 열을 충분히 발산시키지 못하거나, 몸 안에 염증 반응 때문에 과도한 발열이 생기는 경우입니다. 체온이 과도하게 올라가면 전신 장기에 손상을 일으키기 때문에 위험합니다.

 체온이 올라가는 원인은?

▌고온의 환경

강아지들은 피부에 땀샘이 없기 때문에 구강과 발바닥을 통해 열을 발산합니다. 그래서 덥거나 흥분하면 심하게 헉헉거리고 발이 축축해집니다. 그런데 너무 과도하게 더워져서 열 발산의 한계점을 넘어 버리면, 체온이 올라가게 됩니다. 특히 더운 여름에 자동차나 케이지와 같은 꽉 막힌 좁은 공간에 가둬 놓게 되면 금세 고체온이 발생하게 되므로 매우 위험합니다.

▎과도한 운동이나 흥분

심한 운동이나 흥분 시에도 열생산이 많이 되기 때문에 쉽게 체온이 올라갈 수 있습니다. 특히 고온다습한 여름철에는 더 주의해야 합니다.

▎상부 호흡기 질환

연구개 노장이나 후두, 기관지 등의 질환이 있는 아이들은 호흡이 원활하지 않기 때문에 열 발산이 제대로 되지 않습니다.

▎몸의 염증이나 질환

몸 어디에서든지 염증이 있을 경우에는 체온이 올라가게 됩니다. 경련을 일으키는 중독증이나 신경계 질환인 경우에도 마찬가지입니다. 드물게 뇌종양으로 인하여 체온 조절이 안되는 경우 열이 날 수 있습니다.

▎마취 중 또는 마취 후 발열

드문 일이지만 마취 중이나 마취 후에 심한 고체온을 나타내는 아이들이 있습니다. 아직까지 원인은 밝혀져 있지 않습니다. 주로 리트리버나 허스키, 말라뮤트와 같이 털이 많은 대형견에게서 나타납니다.

강아지의 정상 체온은?
강아지들을 안아 보면 따뜻하지요? 강아지들은 사람보다 정상체온이 2도 가량 높기 때문입니다. 약간씩 차이는 있지만, 강아지들의 정상 체온은 38~39도로 볼 수 있습니다. 39.5도 이상 높은 경우에는 비정상적으로 열이 나고 있는 상태이므로 검진이 필요합니다.

열이 나는지 어떻게 아나요?

1. 가장 정확한 방법은 체온을 재는 것입니다. 보통 강아지들은 직장 체온을 재게 되는데, 병원에서 체크받거나 집에 체온계를 구비해 놓고 직접 측정하실 수도 있습니다.

직장 체온을 재는 방법

2. 열이 날 때 초기 증상은 입을 벌리고 "헉헉"대는 것입니다. 심해지면 구강 점막이 벌겋게 충혈되고, 침을 흘리는 증상을 보이기도 합니다.

3. 고체온증이 심각해지면 탈수, 쇼크 등이 나타나면서 쓰러지게 되고, 신장 등의 장기가 손상받아서 소변이 안 나오며 혈변, 경련 등이 나타나게 됩니다.

40도 이상 올라가면 응급입니다!
체온이 40도 이상 올라가면 열을 식혀 주는 응급처치가 필요합니다. 41도 이상까지 올라가면 전신 장기에 손상을 일으켜 사망에 이를 수 있습니다.

 응급처치 방법은?

1. 피부의 체온을 식혀 준다!

시원한 물을 뿌려 주거나 시원한 물에 적신 수건으로 덮어 주거나 시원한 물에 아이를 담가 두는 것이 좋습니다. 또는 휘발성인 알코올 등을 몸에 뿌려 주면서 선풍기 등으로 바람을 쐬어 주는 것도 방법입니다.

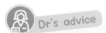 Dr's advice

주의! COOL, NOT COLD!! 시원한 정도의 물이 적당합니다. 일반 수돗물 온도 정도면 충분합니다. 너무 차가운 얼음물이나 냉수는 피부의 혈관을 수축시켜, 오히려 체온 발산을 방해할 수 있습니다.

2. 시원한 물을 먹인다!

아이가 의식이 있고 스스로 먹을 수 있다면 시원한 물을 먹이는 것도 도움이 됩니다. 단, 이때도 너무 차가운 물은 피하는 것이 좋으며, 강제로 먹이는 것도 금물입니다.

3. 체온이 39도 이하로 떨어지면 쿨링을 중지한다.

너무 심하게 계속하면 오히려 저체온증이 발생하거나 장기의 손상을 가져 올 수 있습니다. 쿨링 중에는 계속 체온을 체크하는 것이 중요합니다!

4. 체온이 떨어지면 바로 병원에 가야 한다.

열의 원인이 무엇인지 확인하고, 열로 인한 장기의 손상은 없었는지 바로 체크받는 것이 중요합니다. 다시 열이 나는 경우도 많기 때문에 가능하면 병원에서 모니터링하는 것이 좋습니다.

심각한 고체온증일 경우에는 지체 없이 병원에 가야 합니다. 병원에 가는 중에도 지속적으로 쿨링을 해주면서 갑니다.

 진단과 치료는?

모든 진단 및 검사는 열을 먼저 떨어뜨린 후에 진행하게 됩니다. 보호자와 상담을 통해 열이 외부의 고온에 의한 것인지 내부의 발열에 의한 것인지를 추정한 후 필요한 검사를 진행합니다. 지속적으로 체온이 올라가는지 모니터링하면서 열이 나는 원인을 찾아 제거하는 것이 중요합니다.

Dr's advice

이런 아이들은 고체온증을 특히 조심해 주세요!
- 얼굴이 편평하고 주둥이가 짧은 단두종 증후군 아이들!
  (선천적으로 상부 호흡기 문제가 있는 경우가 많습니다.)
- 이전에도 발열로 치료받은 적이 있는 아이들!
- 노령견이나 어린 아이들!
  (외부의 온도 변화에 민감하게 반응합니다.)
- 비만한 아이들!
- 심장이나 호흡기 질환을 가진 아이들!
- 갑상선 항진증인 아이들!
- 털이 빽빽한 대형견 품종(허스키, 말라뮤트 등)

48

엉덩이를 끌고 다녀요

갑자기 엉덩이를 바닥에 끌고 다닌다? 반려동물을 키우는 사람이라면 누구든지 한 번은 봤을 풍경입니다. 일명 전문가(?)들 사이에서는 "똥꼬스키를 탄다"라고 들 하지요. 엉덩이를 열정적으로 바닥에 끌고 다니는 모습이 어떻게 보면 우습기도 하고 귀엽기도 합니다만, 마냥 웃어넘길 일은 아니랍니다. ^^::

엉덩이를 끌고 다니는 이유는?

엉덩이를 바닥에 끌고 다니는 이유는 엉덩이가 가렵기 때문입니다. 단순하지요? ^^
특히 항문주위가 지저분하거나 변이 항문에 묻어 있는 경우에도 가려움을 많이 느끼지만, 가장 많은 이유는 항문낭 때문입니다.

항문낭이란? 올바른 항문낭 관리법?(67p. 「5. 같이 살아가기 & 기본 관리 방법 – 항문낭 관리」 참고)

항문낭 질환의 진단과 치료

항문낭이 파열되어 염증이 발생한 환자   수술로 항문낭을 제거한 모습

항문낭 관리가 잘 되지 않을 경우 항문낭에 염증이 생기거나 심하면 파열되는 경우가 있습니다. 또 항문낭에 양성 또는 악성 종양이 발생할 수도 있습니다. 신체검사를 통해 항문낭의 상태를 확인하고, 정도에 따라 약물치료나 외과적으로 항문낭을 절제하는 수술이 적용됩니다. 종양이 있는 경우 제거 후 조직검사를 통해 악성 유무를 평가해야 합니다.

외음부에서 피 · 고름이 나요

외음부에서 농성 삼출물이 나오는 모습

여자아이들의 외음부에 출혈이 있거나 농성 삼출물이 나오는 경우가 있습니다. 이런 경우 외음부와 연결되어 있는 방광 또는 질과 자궁의 문제를 의심해 볼 수 있습니다.

피가 보이는 경우?

생리

외음부에 피가 비치는 가장 큰 원인은 생리입니다. 중성화 수술을 하지 않은 여자 아이들에게서 정상적으로 나타나는 현상이며, 보통 연 2회 나타나고 피가 보이는 증상이 7~10일간 지속됩니다.

┃ 출산 후 출혈

출산 후에는 수 주일에 걸쳐, 암갈색·암녹색의 오로가 나옵니다. 간혹 암적색으로 보이는 경우가 있지만, 일반적인 출혈과는 구분이 됩니다. 출산 후 수일이 지나도 오로가 아니라 출혈로 보이는 삼출물이 보인다면 자궁 내 출혈을 의심해야 합니다. 빠른 검사와 처치가 필요합니다. 출혈이 멎지 않는 경우 자궁을 제거해야 합니다.

┃ 질의 외상

드물게 질의 외상이 있는 경우 피가 보일 수 있습니다. 교통사고와 같은 외부의 충격이나 교미 후에 외상이 나타날 수도 있습니다. 생리혈과 혼동될 수 있으나 출혈이 일주일 이상 지속되고 맑아지지 않는 경우, 외상의 병력이 있는 경우에는 검사를 받아보는 것이 좋습니다.

┃ 질·자궁의 종양

질이나 자궁의 종양이 있는 경우 종양 부위에 출혈이 발생하여 외음부에 피가 묻어 있을 수 있습니다. 신체검사, 방사선, 초음파, CT 등의 검사로 종양 여부를 확인해야 합니다. 종양의 크기, 부위, 전이 여부 등에 따라 내·외과적 치료를 선택합니다.

▌방광염 · 결석 · 방광의 종양

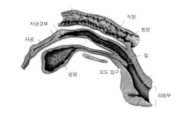

암컷 비뇨생식기 모식도

방광염, 결석, 방광 종양 등 방광에 출혈을 야기하는 질환들도 원인이 될 수 있습니다. 이런 경우 아예 혈뇨를 보기도 하지만 소변 끝에만 피가 나와서 외음부에 묻어 있을 수 있습니다. 따라서 외음부 출혈이 있는 경우 방광의 상태도 꼭 체크해 봐야 합니다. 역시 원인과 정도에 따라 내 · 외과적 치료를 선택해야 합니다.

🐶 농성 삼출물(고름)이 보이는 경우?

• 질 염

질과 자궁의 염증이 있는 경우 농성 삼출물이 발생할 수 있습니다. 질 도말 검사, 백혈구 및 염증 수치 검사를 통해 진단하고, 항생제 치료 및 소독 치료가 필요합니다.

• 자궁축농증

염증이 심할 경우 자궁 내에 고름이 차는 자궁축농증이 발생할 수 있습니다. 자궁축농증의 경우 오픈 타입과 클로즈 타입이 있습니다. 오픈 타입의 경우 자궁 경부가 열려 있기 때문에 자궁 내의 농성 삼출물이 외음부로 나오게 됩니다. 따라서 보호자가 외음부에서 나오는 고름을 발견하여 이상이 있음을 알아채기가 쉽습니다. 클로즈 타입인 경우에는 자궁 경부가 닫혀 있

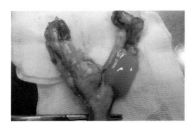
자궁 안에 농성 삼출물이 가득찬 모습

어서 자궁 안에 찬 고름이 외음부로 나오지 못합니다. 일반적인 식욕 감소, 구토, 발열 등의 증상만이 나타나게 되기 때문에 보호자가 일찍 알아채기가 어렵습니다. 또한 안에서만 차고, 밖으로 나오지 못하기 때문에 자궁이 터져서 심한 복막염이나 패혈증을 야기할 수 있습니다.

외음부에 농이 묻어 나오거나 중성화하지 않은 여자아이가 식욕 감소, 구토, 기력저하 등의 증상을 나타낸다면 자궁축농증을 의심해 보고 검사해야 합니다. 방사선, 초음파, 염증 수치 검사 등으로 진단하고, 자궁을 제거하는 수술이 필요합니다.

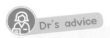
Dr's advice

강아지의 생리(발정주기)?!!

강아지들은 일반적으로 6~24개월 사이에 첫 생리를 합니다. 소형견들은 좀 일찍 하는 편이고 대형견들은 좀 늦는 편이지만, 대부분 8~10개월 사이에 첫 생리가 나타납니다. 생리가 시작되기 수일 전부터 외음부가 붓기 시작해서 며칠 후에는 피가 비치게 됩니다. 피는 처음에는 진한 색이었다가 일주일가량 지나면서 맑은 진분홍색 액체로 바뀌게 되고, 점점 사라지게 됩니다. 이러한 발정주기는 아이들에 따라 차이는 있지만 한번 시작하면 보통 2~3주간 지속되고, 1년에 두 번 정도 나타납니다.

교배 적기는?

임신을 위한 교배 적기는 보통 피가 비치고 난 후 7~10일 후입니다. 그러나 아이들에 따라 차이가 크기 때문에 병원에서 질 도말 검사를 받은 후 날짜를 잡는 것이 가장 정확합니다. 외음부의 출혈이 맑은 빛이 되고 양이 줄기 시작하면 병원에서 검사를 통해 교배 날짜를 잡으시는 것을 권장합니다.

🐾50
유선에 혹이 만져져요

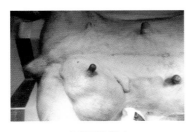

유선종양 환자

강아지들도 사람처럼 "유방암"이 생길 수 있습니다. 특히 중성화하지 않은 여자 아이들에게서 많이 발생하지요. 유선에 혹이 만져지거나 눈으로 보일 정도의 큰 혹이 자라날 경우, 유선의 양성 종양 또는 유방암일 수 있습니다.

🐶 유선 종양 자가 진단법!

유선 종양은 조기 발견하면 수술도 쉽고 치료 결과도 훨씬 좋습니다. 혹이 눈에 보일 정도로 커지게 되면, 수술 부위도 커지고 전이 등의 위험성도 증가합니다.

강아지 유선 모식도. 각 5개씩 양측에 총 10개의 유선이 존재

따라서 나이가 많은 아이들은 주기적으로 집에서 체크해서 유선종양을 초기에 발견하는 것이 중요합니다! 나이가 많은 아이들은 한 달에 한 번씩 체크해 주세요!

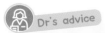 Dr's advice

강아지들의 유선 구조는?
강아지들은 총 10개의 유선을 가지고 있습니다. 젖꼭지도 10개를 가지고 있지요. 양쪽에 5개씩 가슴에서 배까지 분포되어 있습니다.

체크하는 방법은?

사람처럼 유선이 많이 튀어나오지 않기 때문에 눈으로 보거나 만져서는 유선을 구분하기는 어려운 경우가 많습니다. 출산 경험이 있거나 발정 중, 발정 직후에는 유선이 발달되기 때문에 이때는 잘 만져집니다. 유선이 만져질 경우에는 유선을 문질러 보면서 단단하거나 좁쌀 같은 혹들이 만져지는지 확인합니다. 유선이 만져지지 않는 경우에는 젖꼭지 주위를 문질러서 확인합니다.

10개의 유선을 다 체크하되, 뒤쪽으로 갈수록 유선이 크기 때문에 더 꼼꼼히 눌러서 체크해야 합니다.

진단과 치료?

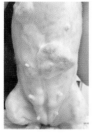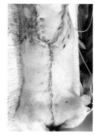

유선 적출 수술 전(왼쪽) 후(오른쪽) 모습

유선에 뭔가가 만져질 때는 바로 병원에 내원해서 체크받아야 합니다.

우선 혈액검사 및 영상진단 검사를 통해 마취가 가능한 상태인지 다른 장기의 전이는 없는지 평가하고, 가능한 빨리 종양을 제거하는 것이 중요합니다. 종양의 크기가 작을 때는 종양만 제거할 수 있지만, 크기가 크거나 여러 군데에 종양이 있는 경우 유선 전체를 제거해야 합니다.

종양을 제거한 후에는 조직검사를 통하여 양성과 악성 여부를 확인하고, 그에 따른 추가 치료 여부, 예후 등을 결정하게 됩니다.

또한 중성화하지 않은 여자아이들의 경우, 유선종양의 발생에 영향을 주기 때문에 유선종양 제거 시, 중성화 수술을 같이 진행하는 것이 권장됩니다.

유선종양의 경우 양성의 비율이 높고, 악성이라고 하더라도 전이율이 높지 않기 때문에 수술만 잘된다면 치료결과가 좋은 편입니다.

Dr's advice

유선종양을 예방하는 방법!
여성 호르몬은 유선종양 발생률을 증가시킵니다. 따라서 중성화 수술을 해주면 유선종양 발생을 현저히 감소시켜 줄 수 있습니다.
실제로, 첫 번째 생리 이전에 중성화 수술을 시켜 주면 유선종양이 99% 예방되며, 3번째 생리 전에 수술하면 74%가량 예방할 수 있다고 보고되어 있습니다.
단, 2살 이후에 중성화 수술을 실시할 경우에는 유선종양 예방에 크게 도움이 되지는 않습니다.

51
유선이 열이 나고 부어 있어요

흔한 일은 아니지만 유선 부위가 뜨끈뜨끈하고 부어 있는 경우를 볼 수 있습니다. 심하면 이상한 색깔의 젖이 나오기도 하고요. 이런 경우 유선의 염증을 의심해 볼 수 있습니다.

🐶 유선이 붓고 열이 나는 원인?

│ 유선염

유선이 세균 등에 의해 감염되었을 경우입니다. 대부분 출산 직후 젖을 먹이는 어미견들에게 발생합니다. 수유를 하면서 젖꼭지에 상처가 나게 되는데, 그 부위로 감염이 되면서 발생합니다. 방치할 경우 심한 전신염증으로 진행될 수 있기 때문에 적절한 치료가 필요합니다.

▌유선 증식

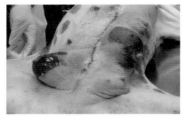

임신 말기에는 출산 후 수유를 대비해서 유선이 발달하게 됩니다. 이 과정에서 유선이 커지고 약간의 열감이 발생할 수 있습니다. 대부분 정상적인 증상이기 때문에 치료가 필요 없습니다만, 심한 열감이나 통증이 있을 경우에는 수의사와 상담하는 것이 좋습니다.

염증으로 발적, 열감, 부어 있는 유선

위임신일 경우에도 유사한 증상이 나타날 수 있습니다.

▌유선종양

유선종양 중에서 드물게 염증성으로 나타나는 경우가 있습니다. 이 경우 혹이 만져지지 않고, 유선염과 유사하게 발열, 종창, 통증 등이 주증으로 나타납니다.

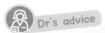 진단과 치료?

수유 중인 경우 일단 증상에 준하여 항생, 소염 처치가 들어가게 됩니다. 이러한 치료에도 반응이 없을 경우에는 종양을 감별하기 위한 세포학 검사, 영상 진단 및 혈액검사 등이 추가로 지시될 수 있습니다. 염증이 심해져서 유선 조직이 괴사될 경우에는 수술로 제거해야 할 수도 있습니다.

Dr's advice

유선염에는 냉찜질이 최고!!
유선이 뜨끈뜨끈하고 부어 있을 때에는 냉찜질이 매우 효과적입니다. 냉찜질은 열을 식혀 주고, 염증을 가라앉혀 주는 효과가 있습니다. 냉찜질을 할 때는 얇은 가제수건을 찜질할 부위에 대 놓고, 찬물(얼음물은 안 됩니다)을 넣은 비닐봉지를 대줍니다. 부위당 5~10분간 실시합니다. 정도에 따라 하루 1~3회 실시하는 것이 좋습니다.

유선을 냉찜질해 주는 모습

52
고환이 커졌어요

중성화하지 않은 노령의 남자아이들이 고환이
커졌다면?
첫째, 고환의 종양
둘째, 고환의 염증이나 농양
셋째, 음낭으로 복강장기가 탈장된 경우 등을
의심해 볼 수 있습니다.

피하 잠복고환이 종양으로 진행된 모습

 각각의 질환별 특징적인 증상과 치료방법

| 고환의 종양

열감이나 통증 없이 크기만 커진 경우가 대부분입니다. 한쪽 고환만 커지거나

양쪽 모두 커지는 경우도 있습니다. 여성호르몬인 에스트로겐을 분비하는 고환종양일 경우, 유선이 발달되거나 복부 주위의 탈모를 동반할 수 있습니다. 전립선 종양이나 비대 등을 동반할 경우 배뇨, 배변곤란 등의 증상이 나타날 수도 있습니다. 치료 및 종양의 진단을 위해 중성화를 한 후 고환의 조직검사를 통해 종양의 종류를 확인합니다. 양성일 경우 중성화 수술만으로도 완치될 수 있으나, 악성 종양일 경우 재발이나 전이될 수 있습니다.

고환의 염증 · 농양

이 경우에는 고환의 열감이나 통증이 특징적입니다. 심할 경우 음낭 안에 농이 차 있을 수도 있습니다. 중성화 수술을 통해 고환과 염증 조직을 제거하고, 농이 심할 경우 배농하면서 항생제 치료를 실시해야 합니다.

음낭 탈장

아주 드물게 나타납니다. 서혜부를 통해 장기가 탈장되어 공교롭게 음낭에 위치하게 된 경우입니다. 탈장된 장기가 꼬이거나 괴사될 경우 위험해질 수 있으므로, 초음파 검사를 통해 탈장 여부가 확인되면 곧바로 수술로 교정해 주는 것이 좋습니다.

고환이 안 만져져요 & 고환이 한쪽만 있어요

정상 고환

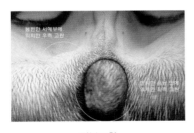

잠복고환

정상적인 강아지의 고환은 두 개입니다. 고환은 어린 강아지 때에는 뱃속에 있다가 생후 2개월령부터 서혜부의 통로를 통해 음낭 위치로 내려오게 됩니다. 고환이 뱃속에서 음낭으로 내려오는 시기는 강아지들마다 조금씩 차이가 있지만, 보통 2~3개월령에는 다 내려오게 됩니다. 음낭으로 내려오지 않고 계속 뱃속에 머물러 있을 경우 이것을 "잠복고환"이라고 합니다.

잠복고환이 문제가 되는 이유?

중성화의 효과가 줄어든다!

잠복고환을 남겨 두고 정상적인 고환만 제거할 경우 성호르몬이 적게나마 계속 분비되기 때문에 문제행동 교정, 성적 스트레스 감소 등의 효과를 보기 어렵습니다.

고환 종양 발생률이 높다

잠복고환의 경우 일반 고환보다 종양으로 변할 가능성이 10~15배 가량 높습니다. 악성 고환종양의 경우 치료 결과가 좋지 않을 수 있습니다.

진단 및 치료

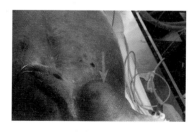

종양화된 잠복고환

잠복고환은 촉진으로 진단할 수 있습니다. 어린 강아지들에게서 기초 접종이 끝난 후 음낭 부위를 만져봤을 때 2개의 고환이 만져지지 않는다면 잠복고환으로 의심할 수 있습니다. 간혹 기형으로 인해 고환이 하나만 있는 경우도 드물게 있기 때문에 필요할 경우 초음파 검사를 통해 복강 안에 있는 고환을 확인하는 경우도 있습니다.

잠복고환이 확인되면 꼭 제거해 주시는 것이 좋습니다. 번식에도 도움이 되지 않을 뿐더러, 문제행동 유발이나 나중에 종양이 되는 등의 질환이 생기는 경우가 대부분이기 때문입니다. 잠복고환의 위치에 따라 피하 또는 복강 내로 접근하여 제거해야 합니다.

54

고추에서 농이 나와요

포피 끝에서 노란 분비물이 나오는 모습

간혹 고추 끝에 노란 농성 분비물이 있는 경우가 있습니다. 대부분 "포피염" 때문인데요, "포피염"이란 페니스를 싸고 있는 포피 안쪽에 염증이 생기는 질환입니다. 대부분 중성화하지 않은 남자아이들에게서 발생하는 질환으로서 포피 주위가 더럽거나 자꾸 핥는 등의 원인으로 감염이 되어 발생합니다.

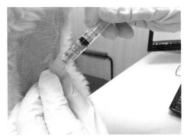

포피를 세척해 주는 모습

증상이 심하지 않을 경우 육안으로 포피 및 페니스의 상태를 확인해 보고 대증치료를 실시합니다. 증상이 심하거나 치료를 해도 낫지 않는 경우에는 정확한 항생제 선택을 위해 세균배양검사 등이 실시되기도 합니다.

치료는 기본적으로 포피 안쪽을 소독약으로 세척해 주고, 필요할 경우 항생제 등의 약물치료를 실시합니다.

제3장

반려동물과 함께 건강하게 살기 위해 알아야 할 것들

1
응급처치법

아래는 여러 가지 상황에 대한 응급처치법입니다. 초기 대응을 얼마나 잘하느냐에 따라 치료결과가 달라질 수 있으니, 꼭 유의하시기 바랍니다. 단, 이것은 어디까지나 응급처치입니다. 초기 응급처치 후에는 괜찮아 보인다고 해도 바로 병원에 가서 검진을 받는 것이 좋습니다.

상처가 났을 때

• 출혈이 심할 때에는 해당 부위를 깨끗한 수건 등으로 압박해 줍니다.
• 상처가 지저분하거나 오염이 되었을 때에는 식염수나 흐르는 수돗물로 살살 씻어 냅니다.

상처부위가 오염되었을 경우 흐르는 물에 씻어 내는 모습

- 핥을 수 있는 부위라면 핥지 못하도록 해주세요. 넥칼라가 있는 경우 채워주는 것이 좋습니다.

Dr's advice

주의! 상처 부위에 집에 있는 아무 연고나 바르면 안 됩니다. 연고에 있는 성분 중에 상처 치유를 지연시키거나 감염을 악화시키는 소염제 등이 포함되어 있을 수 있습니다.

🐶 안구가 튀어나왔을 때

안구탈출은 빨리 넣어 줄수록 추후 합병증이나 시력손상을 최소화할 수 있습니다. 바로 병원에 데리고 가시되, 갈 때까지 시간이 좀 걸린다면 안구를 보호하기 위한 처치가 필요합니다.

- 생리식염수로 안구가 건조해지지 않게 계속 씻어내 주세요. 부드러운 솜을 생리식염수에 흠뻑 적셔 안구 위에 덮어 두는 것도 좋습니다.

식염수로 안구를 세척하는 모습   젖은 솜을 안구 위에 대주는 모습

- 발로 눈을 문지르지 못하도록 신경 써주세요.

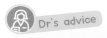
주의! 안구나 안구 주위를 수건과 같이 거칠거칠한 것으로 닦아 내면 절대 안 됩니다. 튀어나온 상태에서는 각막이 건조하고 쉽게 다칠 수 있기 때문입니다. 삼출물이 있다고 해도 문지르지 마시고, 식염수로 씻어내 주세요.

탈장이 되었을 때 _ 직장탈, 질탈

탈장이 오래되면 조직이 건조해지면서 손상되어 절제 등의 수술이 필요할 수 있습니다.

- 건조해지지 않도록 식염수를 충분히 적신 수건이나 부드러운 천, 솜 등으로 탈장 부위를 감싼 후 바로 병원에 데려가야 합니다.
- 핥지 못하도록 신경 써주세요.

질탈이 발생한 모습

발톱을 깎다가 피가 날 때

깨끗한 솜이나 수건 등으로 출혈 부위를 5분 이상 눌러줍니다.

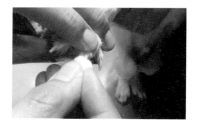

깨끗한 솜으로 발톱을 압박 · 지혈하는 모습

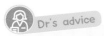 **발작할 때**

발작이 지속되거나 반복되면 뇌 손상이나 다른 장기의 손상이 나타날 수 있습니다. 원래 발작증상이 있는 아이라면 발작을 진정시키는 약을 상비약으로 준비해두는 것이 좋습니다. 발작이 진정되더라도 다시 발생할 수 있기 때문에 진정된 후에는 꼭 병원에 가야 합니다.

• 호흡을 유지할 수 있도록 고개를 들어 기도를 확보해 줍니다.
• 머리가 부딪히지 않도록 감싸줍니다. 또는 바닥이나 벽에 부딪히지 않도록 푹신하게 해주는 것도 도움이 됩니다.

Dr's advice

주의! 발작할 때는 물이나 약을 먹이시면 안 됩니다. 기도로 잘못 넘어가면 오연성 폐렴이 발생할 수 있습니다. 발작약을 먹이는 것이라면 발작이 멈춘 후 의식이 완전히 돌아왔을 때 먹여야 합니다. 항문에 넣거나 주사로 된 약이라면 발작 중에 투여할 수 있습니다. 단, 투여 방법에 대해 정확히 배우셔야 합니다.

숨을 못 쉴 때 - 인공호흡하는 방법

사람처럼 동물들도 인공호흡을 할 수 있습니다. 먼저 숨을 쉬는지 확인해 주세요. 확인하는 방법은 코에 안경이나 거울 등을 대서 숨을 내쉴 때 김이 서리는지 체크해 보면 됩니다.

애견의 인공호흡

- 숨을 쉬지 않는 것을 확인하시면 입을 막은 상태에서 강아지 코에 입을 대고 바람을 불어 넣어 주시면 됩니다(이때 강아지의 목을 편 상태에서 해줘야 합니다). 제대로 인공호흡을 하면 숨을 불어넣을 때 강아지의 가슴이 부풀어 오르는 것이 보입니다.
- 인공호흡하는 횟수는 1분에 12~15회가 적당합니다(3~5초에 1회).

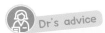

주의! 강아지의 인공호흡은 입에 하는 것이 아닙니다. 입이 옆으로 길기 때문에 입에다 완전히 공기를 불어넣기가 힘들고 새어 나가는 양이 많습니다. 입을 다물게 한 상태에서 코에다 실시해 주세요.

주의! 기도에 이물이 걸려서 숨을 못 쉴 때는 이물을 먼저 빼줘야 합니다. 아래와 같은 단계로 시도해 보세요.

1. 거꾸로 들기! – 뒷다리를 잡고 위로 들어 물구나무서기 하는 자세를 취해 주고 여러 번 강하게 움직여 줍니다. 대형견의 경우 앞다리가 땅에 딛게 해도 됩니다.

2. 어깨 사이를 강하게 쳐주기! – 어깨뼈 사이의 등 부분을 4~5회 강하게 쳐줍니다.

3. 하임리히 방법 – 마지막 갈비뼈 아래에 주먹이나 손가락을 대고 다른 손으로 강하게 눌러 압박합니다. 갈비뼈가 부러지지 않도록 조심합니다.

 심장이 안 뛸 때 _ 심장마사지 하는 방법

* 심장이 뛰는지 확인하는 방법

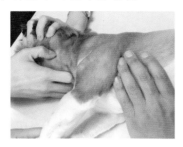

왼쪽 가슴에 손을 댄다.

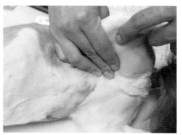

허벅지 안쪽을 가볍게 눌러 본다.

심장이 멎었는지는 가슴 부위에 귀나 손을 대봤을 때 박동이 느껴지지 않거나, 대퇴부 안쪽을 손가락으로 눌렀을 때 맥박이 느껴지지 않는 것으로 확인할 수 있습니다.

심장마사지를 하는 방법은 소형견과 대형견이 차이가 있습니다. 일단 편평한 곳에 눕히고

- 10kg 이하의 소형견은 한 손을 심장 부위(어깨 뒤, 배 쪽 가슴) 양쪽 가슴을 감싸듯이 쥐고 가슴의 1/3 정도가 눌리도록 압박해 줍니다. 분당 100회 정도 실시합니다.

소형견의 심장마사지

- 10kg 이상의 중대형견은 손을 심장 부위 한쪽 가슴에 놓고, 가슴의 1/3 정도가 눌리도록 압박합니다. 압박할 때 팔꿈치가 구부러지지 않아야 제대로 눌러줄 수가 있습니다. 분당 80회 정도 실시합니다.
- 심장마사지와 함께 위의 방법으로 인공호흡을 실시합니다.

중대형견의 심장마사지

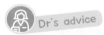 Dr's advice

주의! 너무 세게 압박하면 늑골이 부러지거나 폐출혈이 발생할 수 있으니 주의하세요.
10분 이상 실시해도 돌아오지 않을 경우 가망이 없습니다.

화상을 입었을 때

화상의 경우 사람과 마찬가지로 처음에는 병변이 없어 보이지만 시간이 지나면서 물집이 잡히거나 피부가 빨갛게 올라올 수 있습니다. 심할 경우 피부가 괴사되어 떨어져 나가거나 검은색 딱지로 변하기도 합니다.

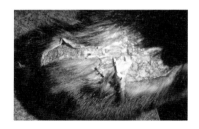

등 부위에 화상을 입은 환자

화상이 의심된다면 우선,
- 병변이 의심되지만 손상이 없어 보이는 경우
  차가운 수돗물이나 아이스팩을 병변 의심부위에 적용합니다. 한 번에 10분 정도 적용해 주고, 필요할 경우 열감이 올라올 때 다시 반복합니다.

- 병변의 손상이 보이는 경우

  위의 방법으로 시원하게 해주면서 병원으로 데리고 가야 합니다. 피부 손상이 있을 경우 손상부위를 제거하고 2차 감염을 방지하기 위한 치료가 필요합니다.

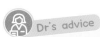

Dr's advice

주의! 아이스팩 등 냉찜질은 10분 이상 연속해서 하지 마세요. 냉기를 너무 오래 지속할 경우 오히려 피부손상을 악화시킬 수 있습니다. 10분 이하로 적용해 주고, 필요하다면 쉬었다가 다시 반복해 주는 것이 좋습니다.

🐶 열사병

사람 아기들처럼 더운 여름에 차 안에 오랫동안 있거나 외부활동을 오래 하는 경우에 나타날 수 있습니다. 특히 강아지들은 열 발산을 구강과 발바닥으로만 하기 때문에 외부 온도가 급작스럽게 올라갈 경우 쉽게 열사병에 걸릴 수 있습니다.

강아지의 체온은 38~39도가 정상인데, 40도 이상 올라서 오랫동안 유지되게 되면 뇌와 신장조직 등이 손상받기 때문에 빨리 체온을 내려주는 것이 필요합니다.

체온을 내려주기 위해서는,
- 냉수를 온몸에 뿌려 주거나 알코올을 뿌려서 체온을 식혀 줍니다(심장에서 먼 쪽부터 식혀 주세요).
- 물을 뿌린 후 선풍기 같은 바람을 쐬어 주는 것도 효과적입니다.

- 의식이 있고 먹을 수 있는 상태라면 얼음물을 먹이는 것도 도움이 됩니다.
- 가장 효과적인 방법은 차가운 수액을 넣어 주는 것입니다. 따라서 응급처치 후에는 바로 병원에 가는 것이 좋습니다.

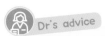

Dr's advice

주의! 열사병은 예방이 가장 좋은 치료법입니다. 여름철에 차 안 등 막힌 공간에 강아지를 두지 마시고, 가장 뜨거운 낮 시간에는 산책을 안 하시는 것이 좋습니다. 또, 시원한 물을 마실 수 있도록 항상 준비해 놓는 것이 좋습니다. 특히 시베리안 허스키, 말라뮤트 등 추운 지방에서 생활하는 아이들이나 털이 많은 품종은 더 조심해야 합니다.

저체온증 _ heating

저체온증이 일어나는 경우는 열사병과 달리 병에 걸렸거나 노령견 또는 아주 어린 신생견들이 관리를 받지 못해서 발생하는 경우가 많습니다.
열사병과 마찬가지로 심장에서 먼 쪽부터 체온을 올려주되, 드라이어 등의 뜨거운 바람이 화상을 일으키지 않도록 주의해야 합

담요 사이로 더운 바람을 불어 넣어 히팅 해주는 모습

니다. 가장 좋은 방법은 담요 등을 접어 그 사이에 더운 바람을 불어 넣어주는 것입니다.

- 담요나 큰 수건 등을 반으로 접어 강아지를 덮습니다.
- 반으로 접은 사이에 드라이어 등으로 뜨거운 바람을 불어 넣어줍니다. 이때 드라이어의 뜨거운 바람이 강아지의 몸에 직접 닿지 않도록 주의합니다.

주의! 강아지를 전기방석에 올려놓거나, 뜨거운 찜질팩을 직접 강아지 몸에 올려놓는 것은 화상의 위험이 있습니다. 또 드라이어를 몸에 직접 쏘이는 것도 화상의 위험이 있으니 주의해야 합니다.

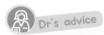 먹지 말아야 할 것을 먹었을 때

먹지 말아야 할 음식들은 74p.「6. 잘 먹고 잘 사는 법 – 먹지 말아야 할 음식」을 참고해 주세요.
먹지 말아야 할 음식을 먹은 지 얼마 안 되었을 때는 토하게 해주는 것이 중요합니다.

- 과산화수소를 kg당 2ml 정도 먹입니다. 예를 들어 3kg 강아지의 경우 5~6ml를 먹입니다.
- 일단 토하게 한 후 정밀검진과 치료를 위해 바로 병원에 가야 합니다.

주의! 과산화수소를 먹일 때는 폐로 오연되지 않도록 매우 주의해야 합니다. 폐로 오연될 경우, 심한 오연성 폐렴이 발생할 수 있습니다. 직접 먹이기보다는 동물병원에 내원하여 처치받길 권합니다. 먹은 지 2시간 이상 경과되었거나 구토를 유발해도 구토가 안 나오는 경우에는 가능한 한 빨리 병원에 가는 게 좋습니다.

애기가 나오려 할 때

출산 징후는 다음과 같습니다.

- 밥을 먹지 않고, 먹은 후에도 바로 구토합니다. 뱃속에 음식물이 들어 있으면 자궁수축을 방해하기 때문이에요.
- 바닥을 파는 행동을 합니다. 야생에서 새끼를 천적에게서 보호하고 체온유지를 하기 위해서입니다.
- 체온이 평소보다 1도 정도 내려갑니다(현재까지 가장 간단하게 체크할 수 있는 방법입니다).

출산 시에는 방을 어둡게 하고, 모견에게 스트레스를 주지 않는 것이 중요합니다. 스트레스가 심할 경우 아이를 방치하거나 심하게는 죽이는 경우도 있습니다.
보통은 어미 강아지들이 잘 돌보지만, 그렇지 않을 경우 탯줄을 깨끗한 실로 묶은 다음 소독한 가위로 탯줄을 잘라 줍니다. 새끼들이 따뜻하고 건조하지 않도록 장소를 마련해 주고, 생식기 부위를 자극하여 초기 배뇨와 배변을 도와줍니다. 또한 4시간 이내에는 초유를 꼭 먹을 수 있도록 엄마의 젖꼭지를 빨도록 유도합니다.

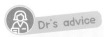 **혈당이 낮을 때** _ 저혈당

저혈당은 아주 아기이거나 종양환자, 당뇨치료 중인 환자에게서 나타날 수 있습니다. 이렇게 소인이 있는 아이들이 갑작스런 강직이나 경련을 보일 경우 저혈당을 의심해 보고 일단 당을 공급해 주는 것이 좋습니다.

• 진한 설탕물이나 꿀물을 준비하여 입을 축여 주는 정도로 적셔 줍니다. 받아먹을 수 있는 경우에는 주사기 등으로 먹입니다.

Dr's advice

주의! 질환으로 인한 저혈당은 반복해서 나타날 가능성이 높습니다. 일단 설탕물 등을 먹인 후에는 바로 병원에 가서 당이 들어간 수액치료를 받는 것이 효과적입니다. 또한 저혈당 증상을 보일 때에는 대부분 의식이 혼미하기 때문에 설탕물을 먹일 때 기도로 넘어가지 않도록 조심해서 천천히 급여하는 것이 중요합니다.

2
노령견 케어

20살 넘은 노령견

"100세 시대!!"라는 말은 사람에게만 해당되는 말이 아닙니다.^^;

수의학이 발전하면서 강아지들의 수명도 계속 늘어나고 있습니다. 실제로 16년 전, 제가 처음 수의사가 되었을 때는 10살만 넘어도 엄청난 노령견 대우를 받았습니다만, 요새는 10살은 "꽃중년(?)" 정도로 밖에 대우

해 주지 않습니다. 조금 연로해 보이신다 생각하면 15살 넘은 경우가 많고, 20살 넘게 잘 지내는 아이들도 종종 만나게 됩니다.

이렇게 노령견들이 많아지면서 무엇보다 중요한 것은 "어떻게 행복하게 지낼 수 있는가?"입니다. 물론, 가장 기본이 되는 것은 우리 곁에 오래 있을 수 있도록 생명을 연장시켜 주는 것이지만, 그보다 더 중요한 것은 '노년을 어떻게 잘 지낼 수 있을까'입니다.

이 챕터에서는 나의 반려동물을 오래 살 수 있도록, 또 편안한 노년을 지낼 수 있도록, 마지막으로 행복한 이별을 할 수 있도록 하는 방법에 대해 이야기해 볼까 합니다.

🐶 건강검진의 중요성

반려동물을 건강하고 오래 살게 하기 위해서 아무리 강조해도 지나치지 않는 것이 "건강검진"입니다. 각종 암, 심장병, 신부전, 당뇨 등 노령견의 생명을 위협하는 질환들의 대부분은 조기 발견으로 완치 또는 관리해 가며 수명을 연장시켜 줄 수 있습니다.

반려동물들은 말로 표현하지 못하고, 또 질환의 초기에는 증상이 워낙 경미하여 보호자분들이 알아채기가 어렵습니다. 그러다가 병이 계속 진행되고 심각한 증상이 나타나야 병원에 내원하는 경우가 많은데, 이때는 이미 손 쓸 수 없을 정도여서 안타까울 때가 한두 번이 아닙니다.

건강검진 대상과 횟수

7~8년령의 반려동물은 사람 나이로 환산하면 4~50대에 해당하게 됩니다. 노령성 질환들이 발생하기 시작하는 나이이지요. 이때부터는 1년에 한 번씩 노령견 건강검진을 받아 보는 게 좋습니다. '그렇게 자주?'라고 생각하실 수 있지만, 강아지들의 1년은 사람의 4~5년에 해당되기 때문에 '그렇게 자주' 받는 것은 아니랍니다.

기저 질환이 있거나 건강검진에서 문제가 발생한 경우에는 수의사와 상의하에 재검방법과 시기를 결정해야 합니다.

▎노령견 건강검진 항목

병원마다 약간씩의 차이는 있지만 노령견 건강검진에는 다음과 같은 항목들이 포함됩니다.

청진

- 신체검사 – 육안으로 확인할 수 있는 이상을 먼저 평가합니다. 피부와 눈, 귀, 코, 구강 등의 이상을 평가할 수 있으며, 외부에 종양이 있거나, 상처, 염증 등도 확인할 수 있습니다. 보행 상태와 자세, 통증 여부도 평가합니다. 체온을 측정하여 발열이나 저체온증 여부를 확인하고, 청진을 통해 심장과 폐의 이상도 체크합니다.

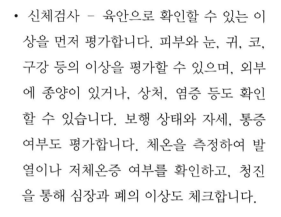

혈압측정

- 혈압측정 – 각종 질환의 증상이 나타날 수 있는 고혈압 또는 저혈압 여부를 확인합니다.

- 혈액검사 – 간, 신장 등 내부 장기 기능의 지표가 될 수 있는 수치들과 빈혈이나 염증 관련 수치, 산증이나 알칼리증 등을 평가합니다.

혈액검사(채혈과 혈액검사용기계)

- 영상진단 검사 – 방사선, 초음파 검사를 통해 흉강과 복강 내 장기들의 구조와 위치, 종양 여부, 뼈와 관절의 이상 여부, 체내의 결석 여부를 확인합니다.

영상진단검사(방사선)   영상진단검사(초음파)

- 요검사 – 소변검사를 통해 비뇨기 감염이나 결석, 당뇨, 신장기능 등을 평가합니다.

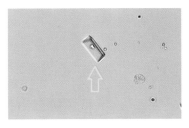
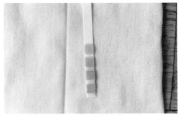

요검사(요스틱)

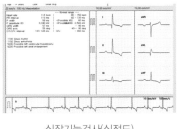
심장기능검사(심전도)

- 심장기능검사 – 심장 초음파, 심전도 등의 정밀검사를 통해 심장 기능을 평가하고 이상 여부를 확인합니다. 심장질환은 노령견에서 가장 많이 발생하고, 적절한 치료가 되지 않을 경우 매우 위험해질 수 있기 때문에 정확한 진단이 매우 중요합니다.

- 안과검사 – 눈물양, 안압, 각막염색, 검안경 등의 검사로, 시력 여부, 각막과 결막, 망막 등 눈 안쪽의 이상을 체크합니다.

안과검사(검안경)

- 치과검사 – 치석 및 치주염의 확인, 치과 방사선 검사 등을 통해 치아 뿌리의 이상을 체크합니다.

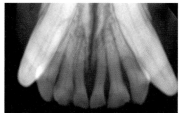
치과검사(방사선)

위의 항목은 노령견 건강검진에 가장 기본이 되는 검사들입니다. 검진상에서 이상이 발견되거나 추가적으로 정밀검사가 필요할 경우 혈전이나 각종 키트 검사, 호르몬 검사, 내시경, CT, MRI 등의 검사가 필요할 수 있습니다.

건강검진을 통해 조기 발견할 수 있는 중증 질환들

- 심장질환 (판막질환, 비대성·확장성 심질환, 심낭삼출물)
- 종양(심장·폐·위·장·간·신장·비장·부신·방광 등 내부 장기의 종양, 뼈나 관절의 종양, 피부 및 근육의 종양 등)
- 호르몬 질환(부신피질 기능 이상, 갑상선 기능 이상, 췌장 기능 이상 – 당뇨)
- 장기의 기능 및 구조적 이상(간부전, 신부전, 췌장염, 담낭폐색 여부, 전립선, 자궁)
- 관절염, 탈구 및 아탈구
- 녹내장, 백내장, 건성각결막염, 포도막염, 망막 이상
- 치주염, 치근단 농양 등 치아뿌리 병변

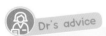 Dr's advice

신경계 질환은 기본 건강검진에서는 발견하기가 어렵습니다.
간혹 후지 마비나 경련 등 신경계 증상을 보이는 아이들이 얼마 전 건강검진에서 아무 이상이 없었다고 문의하시는 경우가 있습니다. 안타깝게도 기본 검진으로는 뇌나 척수, 디스크 등의 신경계 질환을 발견할 수가 없습니다. 기본 검진에서는 아무 이상이 나타나지 않는 경우가 많고, CT, MRI 등의 정밀검사를 통해서야 뇌나 척수의 구조나 병변을 확인할 수 있기 때문입니다. 그러나 이런 검사들은 마취가 필요하고 비용의 부담이 있기 때문에 쉽게 자주 할 수 있는 검사들은 아닙니다.
의심 증상이 있을 경우 수의사와 상담하에 검사를 진행하는 것이 좋습니다.

건강검진을 통해 질병을 조기 발견한 아이들
• "입구" 이야기

10살 된 말티즈 입구는 원래 스케일링을 위해 내원했습니다. 그러나!! 신체검사상에서 심장의 잡음이 확인되어 마취가 필요한 스케일링은 일단 미루고 종합건강검진을 받기로 결정!! 검진 결과에서 심장판막질환이 확인되었습니다.

보호자께 집에서 다른 이상은 없었는지 물어봤더니, 최근 들어 기침이 좀 늘은 것 말고는 없었다고 하셨는데요. 심하지 않아 노령성 변화로 생각하고 심각하게 생각하지 않으셨다고 합니다.

반려견 입구의 모습

심장질환은 이렇게 상당히 진행될 때까지 무증상이거나 증상이 경미하여 알아채지 못하시는 경우가 많습니다. 그렇지만 진행될수록 컨트롤하기가 어렵고 생명까지 위험할 수 있기 때문에 입구처럼 조기에 확인하는 것이 중요합니다.

입구는 스케일링은 미뤄졌지만, 약으로 심장을 컨트롤하면서 건강하게 잘 지내고 있답니다. 심장질환은 완치는 안 되지만, 입구처럼 조기에 발견하면 약물로 관리하면서 생명을 연장하고 삶의 질을 높여줄 수 있습니다.

• "초코" 이야기

10살 시추 초코는 종합건강검진에서 비장의 종양을 발견했습니다. 종양은 이미 5cm 정도로 상당히 커져 있었고, 주변 림프절도 커져 있는 것이 확인되었습니다. 비장의 종양은 커질 경우 터지면서 대량 출혈이 발생할 위험이 있고, 악성종양일 경우에는 다른 장기로 전이될 수 있기 때문에 조기 발견과 치료가 중요합니다.

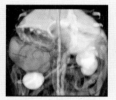

초코의 비장종양

다행히 초코는 다른 장기의 전이가 없고, 다른 검사상에서도 정상이었기 때문에 바로 수술로 비장을 제거했습니다. 제거 후 조직검사에서 양성의 혈관종 진단을 받아서 완치 판정을 받고 행복하게 지내고 있습니다. ^^

검진 결과는 보관하세요!!

비싼 비용과 시간을 들여서 검사를 했는데, 일 년도 안 되어서
'무슨 검사를 했더라?', '어디가 안 좋았었지?' 하고 기억을 못
하는 보호자분들이 종종 계십니다. 건강검진 결과는 아이가 아
플 때, 또는 다음 검사를 할 때 매우 중요한 자료가 됩니다. 지
난번에 안 좋았던 부분을 더 꼼꼼히 살펴볼 수 있고, 그 사이에
다른 질환이 생길 경우 치료에 중요한 정보를 제공해 줄 수 있
기 때문입니다. 뿐만 아니라 병원을 옮기거나 응급으로 급하게
다른 병원을 갈 때도 최근의 건강검진 결과는 많은 것을 알려 줍니다.

검사결과지

건강검진 후에는 결과를 꼭 보관해 두세요! 아이의 전반적인 건강 상태를 확인하고 다
음 검진과 치료를 위해 매우 중요합니다.

🐶 노령견 건강 관리

반려동물의 행복한 노후를 위해서는 질병의 치료만큼이나 중요한 것이 평소
의 건강관리입니다. 심장이 안 좋아서 심장약을 먹으면서 짠 사람 음식만 먹
는 아이들이 건강할 리가 없고, 건강하라고 시킨 운동이 무리가 되어 관절이
나 척추에 문제를 일으킬 수도 있습니다. 반려동물의 행복한 노후를 위해서는
어떻게 관리하면 될까요?

▍언제부터 노령견 케어가 필요한가요?

"우리 아이는 10살인데도 너무 잘 먹고 잘 뛰어 놀아요. 그래도 노령견으로 봐
야 하나요?

이렇게 물어보시는 보호자들을 자주 만날 수 있습니다. 보통 생리적인 나이로 7~8세 이상을 노령견으로 생각하지만 아이의 크기, 품종, 전반적인 건강 상태에 따라 케어가 필요한 시점은 많이 다르게 됩니다. 일반적으로 대형견은 소형견보다 노화가 일찍 진행이 되기 때문에 일찍부터 관리가 많이 필요합니다. 또 나이가 어린 편이라고 해도 건강이 안 좋거나 기저질환이 있는 경우에는 노령견에 준하여 꼼꼼한 관리가 필요하기도 합니다.

결국 노령견 케어가 필요한 시점은 각각의 아이들의 환경, 컨디션에 따라 주관적으로 판단해야 합니다. 움직임이 눈에 띄게 줄고, 금세 헉헉거린다거나 쉽게 지치는 모습 등을 보이면 검진 후에 노령견 케어에 필요한 것들을 챙겨줘야 합니다.

▎노령견의 식이 관리

- 물은 충분히 섭취!!
  물을 충분히 섭취할 수 있도록 도와줍니다. 시원하고 깨끗한 물을 항상 준비해 주고, 평소에 물을 잘 안 먹는 아이들은 습식사료나 건사료에 물을 섞어 주는 방식도 좋습니다.
  탈수를 방지해 주고, 혈액관류량을 늘려 주어서 신장기능에 도움이 됩니다. 담석, 신장이나 방광 등의 결석 발생률도 감소시켜 줍니다.

- 건강 상태에 따른 처방식 급여!!
  노령견의 질환들 중에는 식이 관리가 필요한 질환들이 많이 있습니다. 심장, 신장, 간, 췌장, 관절염, 비만 등의 질환이 대표적이지요.
  처방식은 질환에 따라 특정 영양소를 제한 또는 증량하고, 질환에 도움이 되는 보조성분들을 추가했기 때문에 관리에 도움이 됩니다.

- 사람 음식 제한!!

  사람 음식들은 대부분 강아지들이 먹기에 고칼로리, 고염분, 고당, 고지방입니다. 이러한 음식들은 심장이나 간, 신장, 췌장 등의 장기를 악화시킬 수 있습니다. 처방식으로 관리해 준다고 해도 사람 음식을 계속 간식으로 주면 아무 소용이 없습니다.

  조리된 음식은 가능한 피하고, 수분이 많은 오이나 브로콜리, 간하지 않은 닭가슴살 등을 간식으로 주는 것이 좋습니다.

노령견의 운동 관리

노령견들은 심장, 관절, 척추 등이 많이 노화된 상태입니다. 이런 아이들에게 등산이나 계단 오르내리기, 장애물 넘기, 원반 던지기 등의 과격한 운동은 금물입니다. 관절염이나 척추질환을 악화시키고, 심장에 무리를 줄 수가 있습니다. 노령견에게 권장하는 운동방법은,

- 운동 시간과 강도를 줄이고 횟수를 늘리자!

  노령견들은 운동 시간과 강도를 줄여서 무리가 가지 않도록 해야 합니다. 총 운동량이 줄면 칼로리 소모가 적어져서 살이 찔 수 있기 때문에 대신 운동 횟수를 늘려서 총 운동량을 유지시켜 주는 것이 좋습니다.

  한번에 10~20분씩 하루 2~3회 운동을 권장합니다.

- 힘들어할 때는 바로 STOP!

  심하게 헉헉거리거나 혀가 파래지거나 안 걸으려고 하는 등 힘들어하는 증상이 있을 때는 즉시 운동을 중지하고 휴식을 취하거나 귀가합니다. 노령견

들은 같은 운동량이라고 하더라도 그날 건강 상태에 따라 무리가 될 수 있습니다. 실제로, 노령견들이 산책 중에 쇼크가 오거나 급사하는 경우가 종종 있습니다.

평소와 다르게 힘들어한다면 절대 무리해서 운동을 시키시면 안됩니다.

• 익숙한 환경에서 운동합시다!

간혹 콧바람 쐬어 준다고 노령견들을 새로운 장소에 데려가시는 경우가 있습니다. 이럴 때 십중팔구는 신나하기보다는 불안해합니다. 노령견들은 잘 안 보이고 잘 안 들리는 경우가 많기 때문에 새로운 환경에 더 두려움을 갖고 스트레스를 받게 됩니다. 자신이 가장 익숙한 환경에서 편안하게 운동할 수 있도록 해주는 것이 좋습니다.

• 관절에 무리가 가지 않는 수영이 최고

관절염이 심한 아이들은 걷는 것 자체가 고통입니다. 걷는 게 아프다 보니까 자꾸 안 걷게 되고, 그러다 보면 살이 찌고, 살이 찌면 관절이 더 안 좋아지는 악순환이 반복됩니다.

이런 경우에는 관절에 체중이 실리지 않는 수영이 좋습니다. 수영이나 수중 걷기 운동은 관절에 무리가 되지 않으면서 운동량이 많기 때문에 관절염이 심한 아이들에게 가장 좋은 운동방법입니다.

집에서 수영을?!!

수영이나 수중 걷기 운동이라고 생각하면 너무 번거롭거나 불가능하다고 생각하실 수 있습니다. 꼭 엄청나게 큰 수영장에 푹 담가야 하는 것은 아닙니다. 소형견의 경우 집에서도 충분히 가능합니다. 욕조에 세워 놨을 때 등이 살짝 담길 정도로 따뜻한 물을 받으신 후 욕조에서 천천히 걷도록 합니다. 또는 욕조에 물을 가득 채우고 강아지용 구명조끼를 입혀서 띄워 주거나 타월을 배에 받힌 후 살짝 들어 주면서 물에 뜨도록 도와줄 수도 있습니다.

한 번 수영 시 강아지의 컨디션에 따라 10~30분간 실시하고, 주 1~2회 실시하는 것이 좋습니다.

▌병원과 친해지자!

사실 어리고 건강할 때는 병원갈 일이 없습니다. 가더라도 구충하러, 또는 귀나 피부병 때문에 잠깐씩 들르는 정도인 경우가 많지요. 하지만 나이가 들어가면서 여기저기 문제가 생기게 되고, 병원에서 머무르는 시간도 많아지게 됩니다. 이렇게 자주 병원을 다녀야 하는 것 자체가 노령견들에게도, 보호자들에게도 엄청난 스트레스일 수밖에 없습니다. 이런 스트레스를 아예 안 받을 수는 없지만, 가능한 나와 내 반려동물에게 맞는 편안함을 느낄 수 있는 병원을 정해서 꾸준히 다니는 것이 중요합니다. 또한 노령견들은 한두 가지 문제가 아니라 종합적인 관리가 필요하기 때문에 아이의 상태를 지속적으로 봐줄 수 있는 주치의를 만드는 것이 좋습니다.

▌투약 관리

노령견들 중에는 심장이나 관절, 호르몬 등의 질환 때문에 약을 복용하는 아이들이 많습니다. 노령견들이 복용하는 약들은 대부분 꾸준히 복용해야 하며,

평생 관리가 필요한 경우가 많습니다. 또 갑자기 약을 끊거나 드문드문 먹일 경우 부작용이 심하게 나타날 수 있으므로 절대로 임의대로 끊으면 안됩니다. 특히 심장이나 혈압약의 경우 약이 끊어지면 급격히 악화될 가능성이 높습니다. 아래의 약들의 경우 투약에 대해서는 꼭 주치의와 상의하고, 약의 조절과 관리 등을 임의로 하는 것은 매우 위험합니다.

장기간의 투약이 필요한 질환
심장질환, 고혈압, 호르몬 질환(부신피질 호르몬, 갑상선 호르몬, 당뇨병), 만성신부전, 퇴행성관절염, 디스크 질환, 경련약, 아토피 피부질환

▍눈 · 귀 · 구강 관리

나이가 들면, 눈곱도 많아지고, 귀에서 냄새도 많이 나고, 치석도 많이 생깁니다. 어쩔 수 없겠거니~ 하고 생각하고 손 놓아 버리면, 정말 심각해지게 된답니다. 냄새와 염증도 심하지만, 2차적인 감염 때문에 생명까지 위험해질 수 있습니다. 조금만 신경써서 관리해 주면 훨씬 건강하고 깔끔한 생활을 할 수 있습니다.

• 눈

눈 전용 세정제로 수시로 눈곱을 닦아내 주세요. 눈이 건조한 경우 눈곱이 더 심할 수 있습니다. 안구건조증을 관리해 줄 수 있는 안약이나 안연고제의 사용이 추천됩니다.

Dr's advice

눈곱을 방치하면?
결막이나 심하면 각막까지 감염될 수 있습니다. 뿐만 아니라 눈곱 주위에 피부염도 발생할 수 있습니다.

- 귀

  귀 전용 세정제를 이용하여 자주 세정해 줍니다. 면봉으로 닦아 내면 오히려 귀 안쪽이 다칠 수 있으므로, 세정제를 흘려 넣고 마사지 해준 후 털어내는 정도로 청소해 줍니다.

  귓병을 방치하면?
  청력 상실은 물론, 심하면 내이염으로 발전하여 고개가 돌아가거나 안구진탕 등의 신경증상이 발생할 수 있습니다.

- 구강 관리

  이빨을 자주 닦아 주는 것이 최고입니다. 나이가 들면 마취가 부담스럽기 때문에 스케일링을 자주 못 해줄 수 있습니다. 따라서 한번 스케일링을 하는 기회를 귀중히 여기셔야 합니다.^^ 치석이 심한 상태에서는 아무리 닦아도 소용이 없기 때문에 일단 스케일링을 한 후 꾸준히 이빨을 닦아 줘서 치석이 덜 생기도록 해줘야 합니다. 이빨 닦기가 어려운 경우 효과는 덜하지만, 마시는 치약이나 치석발생을 줄여주는 사료, 장난감 등을 이용하는 것도 방법입니다.

  치석을 방치하면?
  잇몸의 염증으로 이가 흔들리고 심하면 빠지게 됩니다. 또 치석의 세균이 잇몸을 통해 감염되면 심내막염이 발생하여 생명이 위험해지는 경우도 있습니다.

- Omega 3 · omega 6 지방산

  오메가 3와 같은 지방산은 "만병통치약"이
  라고 불릴 정도로 전신에 효과적입니다.
  특히 관절, 위장관, 췌장 등의 염증을 감
  소시키고 피부를 개선시키는 효과가 탁월
  합니다.

    : 알레르기, 자가면역 반응 감소

    : 관절염 완화

    : 전신 염증 완화

    : 피부와 모질의 개선

    : 곰팡이성 피부병 완화

    : 아토피 예방

    : 망막과 시신경 발달

    : 심장병 완화, 혈전 억제, 고혈압 완화

    : 종양의 전이율 감소

    : 중성지방과 콜레스테롤 수치 감소

- 항산화제

  비타민A · C · E, 셀레늄, 코엔자임 Q10 등의 성분을 포함한 항산화제는 전신의
  노화, 특히 뇌의 노화를 늦춰 주는 작용을 합니다. 따라서 소위 강아지 치매라고
  불리는 인지기능장애를 최대한 예방해 주고, 진행을 늦춰 주는 효과가 있습니다.

- 관절 보조제

  글루코사민과 콘드로이친 같은 관절보조제는 연골을 재생시켜 주고, 추가적인 손상을 예방하여 관절을 윤활하게 해주며, 관절염의 진행을 늦춰주는 효과가 있습니다. 퇴행성 관절염이 심한 아이들에게 추천됩니다.

- 간 보호제

  간은 손상되는 일도 많지만 회복도 빠른 장기입니다. SAMe(S-아데노실-L-메치오닌)와 실리빈 등이 포함된 간보호제는 손상된 간을 회복시키는 데 도움이 됩니다. 건강검진에서 간 수치가 높게 나온 아이들에게는 꼭 필요한 보조제입니다.

- 방광염 보조제

  재발성 방광염을 달고 사는 아이들이 있습니다. 이렇게 만성화된 방광염은 항생제 등의 약물이 잘 안 듣는 경우가 많습니다. 그렇다고 독한 약을 평생 먹이기도 꺼름칙하고요. 크랜베리와 같은 천연 성분을 이용하여 방광의 세균성 감염과 염증을 관리해 주는 영양제들이 도움이 될 수 있습니다.

Dr's advice

보조제의 투여와 용법에 대해서는 꼭 수의사와 상의하자!
보조제는 물론 약이 아니기 때문에 덜 위험한 것은 사실입니다. 하지만 시중에 나와 있는 보조제들 중 일부는 품질이 좋지 않고, 부작용이 크게 나타날 수 있습니다. 또한 보조제를 과량 복용하거나 잘못 복용할 경우 오히려 나쁘게 작용할 수 있으므로 투여 전에는 꼭 수의사와 상담하는 것이 좋습니다.

🐶 노령견 행동 변화 이해하기 _ 치매

반려동물들이 나이가 들면서 이상한 행동을 보이는 것은 드문 일이 아닙니다. 허공에 대고 갑자기 짖는다거나, 반대로 멍하고 있는 시간이 늘어난다거나, 대소변을 잘 가리던 애가 갑자기 못 가린다거나 하는 등의 행동이 대표적입니다. 옛날에는 그저 나이가 들어서 그러려니 했던 문제들이 최근에는 뇌의 퇴행성 변화로 인한 질환, 소위 말하는 치매가 원인인 것으로 밝혀지고 있습니다. 실제로 연구에 따르면 11살에서 16살 강아지들의 62% 가량이 최소 한 가지 이상의 치매증상을 보이는 것으로 알려져 있습니다.

치매가 오는 것을 막거나 완치시킬 수는 없습니다. 하지만 조기에 발견하여 꾸준히 관리해 준다면 진행을 늦춰 훨씬 편안한 노후를 만들어 줄 수 있답니다.

▎치매 조기 진단 CHECK LIST!!(우리 아이가 치매인지 확인하는 방법?!)

의식 상태 변화	복도나 벽을 멍하니 응시한다.	
	허공에 대고 짖는다.	
	코너에 자꾸 막힌다.	
	정처 없이 배회한다.	
	익숙한 것들인데도 혼란스러워한다.	
	가족을 못 알아보거나 원래 알아듣던 말을 못 알아듣는다.	
가족과의 관계	냉담하다.	
	무관심하다(가족을 반기지 않는다).	
	평소 좋아하던 가족과의 놀이 또는 행동에 참여하지 않는다.	
수 면	밤새도록 안 자고 낮에 잔다.	
	밤에 특히 심하게 짖는다.	
	하루 종일 잔다.	

훈 련	배뇨, 배변을 아무 데나 본다.
	밖에 나가는 것을 혼란스러워 하고, 산책 등에 무관심해진다.
행동 변화	노는 행동이 줄어들었다.
	불안해하거나 공격적으로 변했다.

출처: Florida Veterinary Behavior Service Lisa Radosta DVM, DACVB

위의 체크사항 중에 하나라도 해당하는 것이 있다면 치매일 가능성이 높습니다. 수의사와 상담하고 조기에 관리해 주는 것이 좋습니다.

┃치료 및 관리

다들 아시는 것처럼 치매를 완치시키거나 멈출 수는 없습니다. 그 대신 조기에 발견하여 관리해 준다면 진행을 최대한 늦출 수는 있습니다.

• 매일의 규칙적인 활동이 중요하다!
  뇌활동을 자극하고 기분 전환 및 체력 증진을 위해 매일 규칙적인 산책, 좋아하는 장난감을 이용한 놀이 또는 기존의 알고 있던 훈련을 반복하는 것이 좋습니다.

• 다양한 항산화제 투여
  비타민, 셀레니움, 플라보노이드, 베타카로틴, 카로티노이드, 오메가 3, 카르니틴 등이 포함된 항산화제를 투여하는 것이 도움이 됩니다.
  미국에서는 사람의 파킨슨병 치료제인 셀레길린이라는 약물이 치매인 강아지들에게 투여되고 있습니다.

이러한 항산화제 및 보조제들은 치료제로 보기는 어렵습니다. 증상을 완화시켜주고 진행속도를 늦춰주는 데 목적을 둬야 합니다. 또한 3주 이상 꾸준히 투여해야 효과를 볼 수 있습니다.

🐶 편안한 노후환경 만들어 주기

▌ 푹신한 베딩

노령견들은 관절이나 척추에 통증이 있는 경우가 많습니다. 나이가 들면서 살이 많이 빠져서 뼈가 도드라져 보이는 아이들도 많지요. 그렇기 때문에 노령견들에게는 푹신한 베딩을 해주는 것이 통증을 줄여 주고 편안함을 주는 데 도움이 됩니다.

특히 거동이 불편한 아이들의 경우 딱딱한 곳에 누워 있으면 욕창이 발생할 가능성이 훨씬 높기 때문에 푹신한 베딩을 해주는 것이 좋습니다.

▌ 거동이 불편한 아이들은 자주 자세를 바꿔주기

중증 질환이 있거나 고령으로 인해서 거동이 불편한 아이들은 스스로 자세를 바꾸지 못하는 경우가 많습니다. 한쪽으로만 계속 누워있게 되면 욕창이 발생하게 되고, 혈관 안에 혈전이 발생할 가능성이 높아집니다. 욕창과 혈전은 심할 경우 생명을 위협할 수도 있기 때문에 예방해 주는 것이 최선입니다.

가장 좋은 예방법은, 첫째! 푹신한 베딩. 이것은 위에서 설명 드렸지요? 둘째로 중요한 것은 자주 자세를 바꿔 주는 것입니다. 가능하다면 2~4시간마다한 번씩 자세를 바꿔 주세요. 이것만으로도 욕창이 발생하고 혈전이 쌓이는 것을 상당히 늦춰 줄 수 있습니다.

문턱, 장애물을 없애기

노령견들은 보행이 불편하고, 시력이 많이 떨어져 있습니다. 그래서 평소 잘 다니던 길이라고 해도 장애물에 부딪히거나, 문턱에 걸려 넘어지는 일이 잦습니다. 자꾸 부딪히거나 넘어지는 등의 외상이 발생하면 생활공간 내에서도 두려움을 갖거나 스트레스를 받게 됩니다. 또한 노령견들은 작은 충격에도 외상이 크게 남을 수 있고, 다칠 경우 치료가 잘 되지 않기 때문에 다칠 만한 일은 최대한 피하는 것이 상책입니다. 노령견들의 생활공간, 특히 밥 먹는 장소, 배변하는 장소로 가는 길에는 문턱이나 장애물이 없도록 치워 주는 것이 중요합니다.

계단 배치하기

노령견들은 가능하면 침대, 소파 등, 높이가 있는 곳에는 올라가지 못하게 하는 것이 좋습니다. 잘못 뛰어내릴 경우 관절이나 척추에 상당히 무리가 갈 수 있기 때문입니다.

하지만 어릴 때부터 소파나 침대 위에서 생활해 왔던 아이들을 못 올라가게 하기란, 아시는 분들은 다 아시겠지만 쉬운 일이 아닙니다. 이미 그곳을 자신의 공간으로 인식해 버렸기 때문에 억지로 제어하기가 참 어렵습니다.

이런 아이들의 경우에는 침대나 소파에 수월하게 올라가고 내려올 수 있도록 실내용 계단을 설치해 주는 것이 좋습니다. 물론 처음부터 계단을 잘 이용하지는 않겠지만 뛰어내릴 수 있는 공간을 막아주고, 계단을 이용하도록 하면 곧 적응하게 됩니다. 몇 번 적응해서 계단을 이용하게 되면 뛰어 오르내리는 것보다 훨씬 편하다고 느끼기 때문에 잘 이용하게 됩니다.

▌바닥은 미끄럽지 않게

노령견들은 다리에 힘이 부족하기 때문에 쉽게 미끄러집니다. 다리가 기운이 없이 후들후들 떨린다고 하지요. 이런 아이들에게 나무나 대리석 같이 미끄러운 바닥은 상당히 위험합니다. 쉽게 미끄러지기도 하고, 잘못 미끄러질 경우 인대파열이나 탈구, 관절염 악화 등 중증질환이 발생할 수 있기 때문입니다. 목이나 허리가 삐끗하면 심한 통증이나 마비 증상을 보일 수도 있습니다.
따라서 바닥은 항상 미끄럽지 않게 해주는 것을 권장합니다. 카펫이나 러그, 매트 등을 준비해 주세요.

▌장난감은 충분하게

'눈도 안 보이고 기운도 없는데 무슨 장난감이 필요하겠어?'라고 생각하신다면 크게 잘못 생각하고 계신 것입니다. 노령견일수록 침구 주위에 생활공간 내에 충분한 장난감이 필요합니다. 흥미를 보일 수 있는 장난감이나 인형은 많을수록 좋습니다. 수가 많으면 흥미를 보이고 갖고 놀 가능성이 더 높아지기 때문입니다. 장난감을 갖고 노는 것만으로도 스트레스를 완화시켜 주고, 뇌활동도 자극하여 치매에도 큰 도움이 됩니다.

🐶 행복한 이별 준비하기

병원을 하다 보면 많은 이별과 마주치게 됩니다. 교통사고나 아이를 잃어버려서 갑자기 헤어지는 경우도 있고, 고령이나 암과 같은 질환으로 인해 서서히 이별을 준비해야 하는 경우도 있습니다. 이별의 크기에는 크고 작음이 없지만, 그래도 갑자기 맞닥뜨린 이별보다는 이별을 준비할 수 있는 시간을 가질 수 있을 때 감사함을 느끼게 됩니다.

나의 반려동물과의 이별은 생각만 해도 마음이 저리지만, 피할 수 있는 일은 아닙니다.

이별의 시간이 가까워 오고 있다면 마냥 슬퍼만 하는 것보다는 행복한 이별이 될 수 있도록 준비해 보는 게 어떨까요?

더 많이 안아 주고 불러 주세요!

남은 시간이 얼마 되지 않는다면 그만큼 더 많이 안아 주고, 쓰다듬어 주고, 불러 주세요. 치매에 걸려서 주인을 못 알아본다고 하더라도, 의식상태가 명료하지 않다고 해도, 무의식 어딘가에서 가족들을 기억하고 있습니다. 실제로 혼수상태이거나 경련을 하다가도 가족이 불러 주거나 쓰다듬어 주면 심박이나 호흡수의 변화가 나타나는 경우가 많습니다. 얼마나 널 사랑하는지 끊임없이 들려주고 안아 주는 것! 그 어떤 치료보다 더 큰 위안이 될 수 있습니다.

최고의 하루를 만들어 주세요!

반려동물과 가족에게 모두 행복한 기억이 될 수 있는 하루를 만들어 주세요! 거창하게 여행을 가거나 힘든 일정을 잡을 필요는 전혀 없습니다. 아이가 가장 좋아했던 장소, 좋아하는 행동, 좋아하는 음식들을 준비해서 무엇을 해도 제어받지 않고 같이 웃을 수 있는 천국 같은 하루를 준비해 주세요. 나중에 아이가 떠났을 때 이때를 기억해 보면 어두운 슬픔보다는 행복했던 추억을 떠올릴 수 있답니다.

집에서의 호스피스 케어에 집중해 주세요!

노환이나 말기의 질환으로 인해 더 이상의 치료가 의미 없는 경우도 있습니다. 그런데도 '혹시 내가 포기하는 것은 아닐까?' 하여 계속 입원을 시키다가 마지막도 함께하지 못하는 경우를 보면 정말 안타깝습니다. 이런 경우에는 수의사와 상담하여 아이에게 가장 편안한 길이 무엇인지 결정하셔야 합니다. 상황에 따라 차이가 있겠지만, 더 이상의 치료 효과를 기대할 수 없고 단지 생명연장의 의미만 있을 경우에는 집에서의 호스피스 케어가 아이의 마지막을 더 편안하게 해줄 수 있습니다. 단지 생명연장을 위한 치료보다는 아이가 가장 편안해하는 가족 곁에서 떠날 수 있게 마지막을 준비해 주세요.

사진을 많이 찍어 두세요!

그리울 때, 보고 싶을 때, 추억할 수 있는 사진을 많이 찍어 두세요. 저도 그렇지만, 아이가 떠나고 난 후 가장 보고 싶은 모습은 마냥 어리고 귀여울 때의 모습보다는 떠나기 전의 이미 늙어 버린 모습입니다. 늙고 지친 모습이라고 하더라도 내 눈에는 가장 사랑스런 나의 강아지입니다. 나만 알아볼 수 있는 표정들, 에피소드들을 많이 찍어 주세요.

▌우리 아이를 느낄 수 있는 무언가를 만들어 두세요!

개인적으로 추억할 수 있는 가장 좋은 수단은 사진이라고 생각하지만, 간혹 좀 더 구체적인 기억을 남기고 싶은 경우에는 발바닥을 틀에 떠서 액자를 만든다거나 털이나 유골의 일부를 보관하는 방법 등으로 남기시는 분들도 있습니다.

몸이 아니라 마음이 아파요

심하게 짖고, 집안 물건을 부수고, 사람을 물고……, 이러한 문제들을 예전에는 성격이 이상하다고만 생각해 왔습니다. 당연히 치료가 필요한 상황이라는 인식 자체가 없었지요. 하지만 이러한 문제들은 몸이 아픈 것보다 보호자에게 더 큰 스트레스를 주고, 함께 사는 것 자체를 힘들게 합니다. 마음이 아픈 아이들을 포기하지 마세요! 적절한 방법으로 대해 주거나, 치료받으면 훨씬 좋아질 수 있습니다.

🐶 기본적인 행동, 표정 읽기

강아지들은 사람처럼 활짝 웃거나 엉엉 울지는 못하지만 몸 전체를 이용하여 자신의 감정을 표현합니다. 강아지들의 몸짓이나 표정들을 잘 관찰하면 지금 내 아이의 마음이 어떤지 읽을 수 있습니다. 아래의 감정을 표현하는 특징들은 대부분 비슷한 양상으로 나타나기 때문에 조금만 주의를 기울이면 금방 알아보실 수 있을 거예요.

▍행복함

행복하고 기분 좋을 때는 긴장하지 않기 때문에 전신의 근육들이 이완됩니다.

- 얼굴표정 – 얼굴의 근육이 이완되고, 살짝 입을 벌리면서 입꼬리가 올라가서 웃는 것처럼 보이기도 합니다. 기분 좋게 흥분된 경우 살짝 헥헥거리기도 합니다. 귀는 원래 모양에 가장 가까운 상태입니다.
- 꼬리 – 꼬리를 양 옆으로, 또는 원형을 그리면서 흔듭니다.
- 전신 – 긴장해서 커 보이거나, 움츠려들면서 작아 보이지 않고 정상적인 본래의 크기를 유지합니다.

경 계

경계하거나 긴장했을 때는 움직임을 멈추고 한곳에 집중합니다.

- 얼굴표정 – 귀를 앞쪽으로 쫑긋 세우고 입을 다물고 한곳을 응시합니다.
- 꼬리 – 꼬리도 움직이지 않고 자연스럽게 들고 있거나 꼿꼿하게 세웁니다.
- 전신 – 체중을 약간 앞다리에 싣고 목과 머리를 들어 꼿꼿한 자세를 유지
  합니다.

흥 분

경계할 때와 유사하지만 좀 더 장난기 많아 보입니다.

- 얼굴표정 – 귀를 쫑긋하고 입을 벌리고 헥헥거리거나 짖을 때도 있습니다. 몸은 격렬히 움직이더라도 시선은 흥분의 원인이 되는 곳을 바라봅니다.
- 꼬리 – 흥분 정도에 따라 꼬리를 심하게 흔듭니다.
- 전신 – 언제든지 쉽게 움직일 수 있도록 체중을 뒷다리에 싣고 있습니다. 엉덩이를 흔들거리며 리듬을 타거나 뱅글뱅글 돌면서 꼬리잡기를 하거나 점프를 하면서 기분 좋은 흥분을 표현합니다.

┃ 두려움

강아지들이 두려움을 느낄 때는 몸을 최소한으로 작게 보이게 합니다.

- 얼굴표정 – 귀를 뒤쪽으로 젖히고 눈을 마주치지 못합니다. 어떤 아이들은 두려움을 해소하기 위해 하품을 하거나 입술을 계속 핥습니다.
- 꼬리 – 꼬리를 다리 사이에 말아 넣습니다.
- 전신 – 등을 구부리고 전신의 근육이 긴장되며, 무게중심이 뒤로 실리고, 움찔하며 몸을 뒤로 뺍니다.

우 월

사람이나 다른 개들보다 우월하게 보이고 싶을 때 최대한 몸을 크게 보이도록
합니다.

• 얼굴표정 – 눈을 피하지 않고 쳐다보며, 귀를 앞쪽으로 세우고, 입을 닫은
　　채로 낮게 으르렁거립니다.
• 꼬리 – 꼬리를 높이 쳐들고 살짝 떨릴 정도로 꼿꼿이 세웁니다.
• 전신 – 몸이 커보이게 하기 위해 발을 최대한 들고 목을 최대한 높이 듭니
　　다. 사지에 체중을 고루 실어서 네 발에 힘을 주고 섭니다.

복 종

복종을 표현할 때는 몸을 최대한 작게 보이게 하고, 시선을 마주치지 않습니다.

- 얼굴표정 – 귀는 양 옆으로 접어 내리고, 눈을 마주치지 않고 피합니다.
- 꼬리 – 꼬리는 최대한 낮추거나 다리 사이로 말아 넣습니다.
- 전신 – 몸이 작아 보이도록 허리를 둥글게 구부리고 땅바닥에 엎드립니다.
  완전히 복종할 경우 등을 땅에 대고 누워서 배를 보입니다. 또는 서 있
  을 때 발을 살살 얹기도 합니다.

▌공격성

우월함이나 두려움을 느낄 때 적극적인 공격성을 보이거나 방어적인 공격성을 나타낼 수 있습니다.

- 두려움을 느낄 때의 공격성

  두려워할 때와 유사한 행동을 보이다가 갑자기 공격합니다. 두려운데 피할 곳이 없다고 느낄 때 공격성이 나타나게 됩니다. 피할 곳이 없을 때 으르렁거리며 공격성을 나타내지만, 적극적인 공격보다는 피할 곳을 계속 찾으면서 방어적인 공격성을 나타냅니다.

- 적극적인 · 방어적인 공격성

  우월함을 느낄 때와 유사한 행동을 나타내며, 으르렁거리며 최대한 이빨을 노출합니다. 언제든지 튀어나갈 수 있도록 체중을 앞발에 싣습니다.

분리불안 – 엄마와 떨어지기 싫어요!!

가족들이 집을 비우면 엄청나게 짖고 심하면 집안 물건들을 씹거나 부수는 아이들이 있습니다. 또는 병원에 와서도 보호자와 떨어지게 되면 침을 흘리고 짖는다거나 심하게 헥헥대면서 흥분하는 아이들도 있지요. 이전에는 이런 행동들을 '예민해서 그래', '훈련이 안되어서 그래' 이렇게 치부해 버렸지만, 사실 이런 증상은 대부분 '분리불안'이라는 행동학 질환이랍니다.

분리불안의 증상은?

분리불안의 증상은 평소에 가족들과 함께 있을 때는 보이지 않다가 혼자 있게 되면 나타나는 이상행동들입니다.

- 대소변을 잘 가리는 아이인데도 혼자 있으면 아무 데나 오줌을 싼다.
- 평소보다 심하게 짖는다.
- 집 안의 물건이나 벽 등을 씹거나 긁어서 망가뜨리거나 바닥을 파는 행동을 보인다.
- 어딘가로 숨으려고 하거나 계속 돌아다니며 걸어다닌다. 계속 빙글빙글 도는 아이들도 있다.
- 평소에는 안 먹다가 혼자 있으면 똥을 먹는다.

분리불안은 왜 생기나요?

명확한 원인은 아직 밝혀지지 않았습니다. 다만, 아기 때부터 가정에서 자란 아이들보다는 입양된 유기견 아이들에게서 분리불안이 더 많이 나타나는 것으로 볼 때 어린 시절의 애착관계의 부재, 보호받지 못하고 생존에 대한 불안감을 느끼게 되는 것 등이 원인으로 추정되고 있습니다.

그 외의 원인으로 생각되는 것은,

- 보호자가 자주 바뀔 때(여러 번 파양과 입양을 반복할 때)
- 거주지가 바뀔 때(잦은 이사)
- 혼자 있는 시간이 자주 바뀔 때
- 가족구성원이 바뀌거나 줄어들 때

분리불안을 줄여주는 데 도움이 되는 5가지 TIP!

1. 외출하기 전 산책을 하자.

외출하기 전 가벼운 산책은 강아지의 흥분과 에너지를 어느 정도 해소시켜주고, 집에서의 휴식을 더욱 달콤하게 해줄 수 있습니다.

2. 만지지 말기! 말하지 말기! 쳐다보지 말기!

외출하기 직전, 또는 돌아온 직후가 가장 흥분하는 시간입니다. 이때 덩달아서 같이 호들갑스럽게 반응하면 아이들의 흥분은 최고조가 됩니다. 심하면 오줌을 지리는 아이들도 있지요.^^; 이러한 흥분은 분리불안의 증상을 더 악화시킵니다.

외출 직전과 직후에는 아이들을 무시해 주세요. 만지지도 말고, 말하지도 말고, 쳐다보지도 말아주세요. 5~10분 정도 후에 흥분이 가라앉은 다음에 조용히 이뻐해 주시는 것이 중요합니다. 심한 아이들은 한 시간까지도 흥분하는 경우가 있으니 아이들에 따라 무시하는 시간은 달라질 수 있습니다.

3. 조용히 타이르기

간혹 2의 방법이 전혀 통하지 않아서 외출하기 전 조용히 타이르는 경우가 있습니다. 보호자가 금방 다시 돌아올 것이며, 이렇게 혼자 있는 것은 아무것도 아니라는 것, 또 얼마나 널 사랑하는 지 등등……. 하지만 제 경험상으로는 그다지 소용없는 방법입니다. 강아지들보다는 보호자들의 마음의 위안이 되는 정도랄까요? ^^;;

4. 조용하고 단호하게!

외출 시에 너무 심하게 '우쭈쭈' 하는 것은 불안감을 더 증폭시키게 합니다. 조용하고 단호한 말과 행동으로 이것이 아무것도 아니라는 것을 느끼게 해주셔야 합니다. 조용하고 단호하며, 무심한 엄마의 행동은 아이들에게 이것이 정기적인 일과라는 인식을 주어서 더 편안함을 줄 수 있습니다.

5. 떨어져 있는 시간을 점차적으로 늘려 주기

갑자기 오랜 시간 떨어져 있게 되면 아무리 참을성이 있는 아이라도 불안함을 느끼게 됩니다. 처음에는 5분, 그 다음에는 20분, 그 다음에는 한 시간, 이런 식으로 떨어져 있는 시간을 점차 늘려 가는 것이 좋습니다.

위의 방법으로도 전혀 좋아지지 않을 경우에는 행동학 전문가에게 상담을 받아보는 것이 좋습니다.

강압적으로 훈련하거나 혼내지 마세요!
피곤한 몸을 끌고 집에 왔을 때 난장판이 되어 있는 집을 보면 당연히 화가 납니다. 하지만 그렇다고 해서 아이들을 혼내게 되면 그냥 내 화풀이 정도밖에 안된다고 생각하시면 됩니다. 분리불안은 반항심에 하는 행동이 아니기 때문에 화를 내거나 복종시키려 하면 안 됩니다. 혼자 있는 것에 스트레스를 느끼는 행동들인데, 화를 내며 더 스트레스를 주게 되면 당연히 증상은 더 악화될 수밖에 없습니다.

끊임없이 짖기

초인종이 울리거나 손님이 왔을 때, 아니면 아무 이유도 없이 갑자기 짖는 아이들이 있습니다. 짖는 문제는 주위 이웃들과 트러블을 일으키는 가장 큰 문제이기도 합니다. 왜 이렇게 짖을까요? 덜 짖게 할 수는 없는 걸까요?

▌왜 이렇게 짖을까요?

강아지들이 짖는 이유는 무궁무진합니다. 위험을 알려주기 위해, 흥분했을 때, 놀고 싶을 때, 화가 났을 때, 명령에 대한 대답으로, 무리를 리드할 때 등등 본능과 상황에서 짖습니다. 사람이 말을 하는 것처럼, 강아지들이 짖는 것은 너무나 당연한 행동이기 때문에 무조건 막을 수는 없습니다. 또 적당한 타이밍에 짖는 것은 도움이 되기도 합니다. 하지만 아무 이유 없이 짖거나, 주위

반응에 너무 예민하게 짖거나(옉 초인종 소리), 너무 오래 계속 짖는 등의 행동들은 가족에게 스트레스를 주고, 이웃들에게 피해를 줄 수 있기 때문에 줄여 보는 노력이 필요합니다.

짖을 때 이렇게 해보세요!

- 조용해졌을 때 상을 준다.

  짖지 않는 타이밍에 제일 좋아하는 간식을 상으로 줍니다. 이때 중요한 것은 간식을 주는 타이밍입니다. 한창 짖고 있을 때 간식을 주면 짖는 것에 대한 상으로 알고 더 심하게 짖을 수 있습니다. 짖음을 멈췄을 때 상을 받고, 짖을 때는 아무 것도 없다는 것을 명확히 깨닫게 해줘야 합니다. 반복해서 익숙해지면 짖는 시간이 점점 줄어들고, 간식을 먹기 위해 빨리 조용히 합니다. 또는 간식 봉지만 들어도 먹기 위해 짖음을 멈추는 아이들도 있습니다.

- 흥미와 관심을 다른 데로 돌린다.

  가장 좋아하는 장난감을 주거나 '공 가져오기' 놀이를 하면서 관심을 다른 데로 돌려줍니다. 장난감이나 공 등을 입에 물게 되면 일단 짖을 수가 없기 때문에 이 방법이 든다면 매우 효과적입니다. 단, 주의할 점은 한참 짖고 있을 때 장난감을 주어서는 안 됩니다. 짖는 것에 대한 상이라고 생각하고 짖는 행동이 심해질 수 있습니다. 어느 정도 짖는 것이 멈췄을 때, 아니면 다른 공간으로 이동시키거나 해서 짖음을 멈추게 한 후에 하는 것이 중요합니다. 익숙해지면 나중에는 장난감만 들어도 놀자는 얘기인줄 알기 때문에 금방 짖는 것을 멈추게 됩니다.

- 젠틀리더를 사용한다.

우리나라에서는 아직 생소하지만, 미국에서 강아지 훈련에 가장 많이 사용되는 것이 젠틀리더입니다. 젠틀리더는 옆의 사진에서처럼 목과 입 주위를 같이 잡아 주는 줄이지만, 입마개와는 달리 입을 자유롭게 벌릴 수 있습니다. 또 줄을 당겨 주면 입을 다물게 제어할 수도 있습니다. 심하게 짖을 때 줄을 부드럽게 들거나 당겨 주면서 입을 다물게 하거나 자극이 되는 곳으로부터 고개를 돌리게 해주면 도움이 됩니다.

특히 산책 중에 다른 개나 사람을 보고 심하게 짖는 아이들에게 유용한 방법입니다.

- 짖음 방지 목걸이?

최후의 수단으로 짖음 방지 목걸이를 사용할 수 있습니다. 주로 짖을 때마다 아이들이 싫어하는 냄새 스프레이가 나오거나 전기자극을 주는 목걸이들입니다. 짖음을 멈추는 데는 효과가 있을 수 있지만, 아이들에게 심한 스트레스가 될 수 있고 또 다른 행동학 문제를 야기할 수 있으므로 사용 전에 꼭 전문가와 상담하시길 바랍니다.

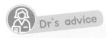
짖는다고 소리치지 마세요!

짖을 때 "조용히 해!!"라고 소리치는 것은 아이들을 더 자극하고 흥분하게 만듭니다. 강아지들은 짖는 자기 소리에도 점점 더 흥분해서 더 크게 짖는데, 거기다가 보호자도 큰 소리를 내게 되면 훨씬 더 흥분하게 됩니다. '더 짖고 놀자는 얘기인가?'라고 착각할 수도 있습니다. 큰 소리를 내지 마시고, 위의 방법대로 훈련해 보시기를 권장합니다. 훈련하면서 조용하고 단호한 어조로 "조용", "가만히" 같은 명령어를 반복해서 들려 주시는 것도 방법입니다.

🐶 사람을 물어요

무는 행동은 직접적으로 사람에게 상해를 입히기 때문에 꼭 훈련이 필요합니다. 무는 아이들은 대부분 가족들을 무는데, 특히 어린아이들을 무는 경우가 많기 때문에 강아지들이 버려지는 큰 이유 중의 하나가 됩니다.

▌ 왜 사람을 물까요?

• 소유욕

자기가 좋아하는 사람, 먹을 것, 장난감 등 다양한 것들에 소유욕을 나타낼 수 있습니다. 자신의 것을 건드리거나 가져가려는 행동은 극심한 분노를 일으켜 바로 공격으로 이어지는 경우가 많습니다. 특히 가족들보다 우월하다고 느끼는 아이들한테서 많이 나타납니다.

- 두려움

  익숙하지 않은 사람, 장소에 대한 두려움을 느낄 경우 공격성으로 나타날 수 있습니다. 특히 동물병원에서 이런 공격성을 많이 나타내게 됩니다.

- 통 증

  몸이 아플 때는 터치에 훨씬 더 예민하기 때문에 바로 공격적인 행동으로 이어질 수 있습니다.

- 모 성

  출산을 한 초기에 수유를 할 때는 자견들에 대한 방어본능이 최고조에 달합니다. 이때 아이를 데려가거나 만지려고 하면 물 수 있습니다.

- 사냥 본능

  갑자기 움직이거나 뛰어다닐 때 본능에 따라 쫓아가서 무는 경우가 있습니다. 특히 어린아이들이 뛰거나 움직일 때, 서열이 낮은 강아지나 고양이들이 움직일 때 이러한 사냥 본능이 더 잘 나타날 수 있으니 조심해야 합니다. 유기견이나 야생에서 오래 생활한 야생견들도 이러한 본능이 발달되어 있을 수 있으므로 야외활동 시 조심해야 합니다.

▌무는 행동을 줄여 주는 방법

- 중성화를 해주세요.

  출산 계획이 없다면 중성화를 시켜주시는 것이 공격성을 떨어뜨리는 데 효과적입니다. 불필요한 성적욕구에 의한 스트레스를 줄여 줄 수 있기 때문입니다.

- 규칙적인 운동과 산책은 필수입니다.

  규칙적인 운동과 산책을 하면 가족과의 관계도 더 좋아지고, 과도한 에너지와 스트레스를 해소할 수 있기 때문에 도움이 됩니다. 단, 과격한 운동(레슬링하기)이나 심한 장난(약올리거나 때리는 등의 행동)은 공격성을 증가시킬 수 있으므로 금지해야 합니다.

- 간단한 훈련은 도움이 됩니다.

  '앉아', '기다려', '손'과 같은 간단한 훈련은 상하관계를 확실히 인식시켜 주기 때문에 도움이 됩니다.

- 자극할 수 있는 행동은 피해 주세요.

  재미있다고, 혹은 버르장머리를 고치겠다며 일부러 싫어하는 행동을 유발하는 것은 금물입니다. 교정이 되지 않은 상태에서 자꾸 자극을 하면 공격성이 더 심해질 수 있습니다.

- 통증으로 인한 공격성은 바로 치료해 줘야 합니다.

  통증이 있어 보일 때는 병원에 바로 가는 것이 좋습니다. 통증으로 인한 공격성은 일시적이지만, 방치할 경우에는 행동문제로 만성화될 수 있습니다.

위의 방법으로도 완화되지 않는다면 행동학 전문가와의 상담하에 치료하는 것이 권장됩니다.

'붕가붕가'가 너무 심해요

소위 '붕가붕가' 라고 부르는 '마운팅(mounting)' 행동은 대부분의 강아지들에게서 다 나타납니다. 물론 정도의 차이는 있지만요. '붕가붕가'가 너무 심한 아이들은 보기 민망할 정도인 경우도 있는데요, 특히 손님의 팔다리에 매달려서 '붕가붕가'를 할 때는 정말 쥐구멍에라도 숨고 싶을 때가 있습니다. 어떻게 하면 이런 행동을 줄여 줄 수 있을까요?

'붕가붕가'를 하는 이유

- 성적인 행동
  성적인 자위행동으로서 나타납니다. 여자와 남자아이 모두에게서 나타날 수 있고, 중성화를 하지 않은 경우 더 심하지만 중성화가 되어 있는 아이들에게서도 나타날 수 있습니다. 특히 중성화를 늦게 한 경우에는 중성화를 하지 않은 아이들만큼 심하게 나타나기도 합니다.

- 놀이 행동
  보호자와 또는 다른 반려동물과 같이 할 수 있는 놀이로서 인식하기도 합니다.

- 흥분이나 스트레스 반응, 강박적인 행동
  새로운 환경이나 사물, 사람 등을 보고 흥분할 경우에 스트레스 반응으로서 나타납니다. 또한 과도한 스트레스로 인한 강박적인 행동으로 나타나는 경우도 있습니다.

▌'붕가붕가'를 줄여 주는 방법

어느 정도의 '붕가붕가'는 모든 아이들이 하는 정상적인 행동입니다. 크게 문제가 되지 않는다면 굳이 교정하실 필요는 없습니다.

- 관심을 다른 곳으로 돌려라! 개껌
  '붕가붕가'를 시작할 때 좋아하는 장난감으로 던지기 놀이를 하거나 개껌 등의 씹을거리를 주어서 관심을 다른 곳으로 돌려주는 것이 효과적입니다. 간단한 훈련이 되어 있는 아이라면 평소 잘 따르는 명령어를 단호하게 얘기하는 것도 방법입니다.

- 자세를 바꿔라
  사람에게 매달려 '붕가붕가'를 하는 경우에는 살짝 밀어내거나 팔이나 다리를 빼거나 다시 고쳐 앉거나 방향을 바꾸는 등으로 자세를 바꿔 주는 것이 좋습니다. 자세를 바꿔 주면서 강아지와 나 사이의 일정 공간을 만들고 1~2분간 그 공간을 유지합니다. 계속 '붕가붕가'를 시도할 경우에는 단호하게 "안돼!"

라고 얘기해 주고 공간을 유지합니다. 1~2분이 지나면 대부분은 '붕가붕가'를 멈추게 됩니다. 또 시도할 경우에는 같은 방식으로 반복해 줍니다.

• 중성화는 필수!

중성화 수술은 '붕가붕가'를 줄이는 데 필수요건입니다. 물론 중성화를 한다고 해도 이미 심한 '붕가붕가' 행동에 젖어 있는 아이들은 생각만큼 줄어들지 않을 수 있습니다. 이럴 때는 행동습성이 이미 되어 버렸기 때문에 행동학 교정이 함께 들어가야 합니다. 하지만 그렇다고 해도 중성화 수술을 하지 않고, 즉 성호르몬을 줄여 주지 않고서는 어떤 방법을 써도 해결하기가 어렵습니다.

무엇이든 물어보세요!

 사료 외에 꼭 영양제 등을 먹여야 하나요?

Q. 저희 강아지는 건강하고 체격도 좋습니다. 사료도 잘 먹고요, 그런데 요새 보면 관절에 좋다, 간에 좋다, 피부에 좋다는 등 영양제들이 많이 나와 있더라고요, 이런 것들을 꼭 먹여야 하나요? 사료만 먹어도 성장이나 필수 영양분 보충이 되는 것 아닌가요?

A. 시중에 판매하는 강아지 전용 사료는 대부분 필수 영양분이 균형 잡혀 있습니다. 따라서 사료만 먹더라도 일상생활을 하고 영양분을 보충하는 데는 전혀 문제가 없습니다.

다만, 시중에 나와 있는 영양제들은 사람들이 밥을 잘 먹으면서도 비타민이나 홍삼 등을 먹듯이 보조적으로 더 건강하게 살기 위한 옵션이라고 생각하시면 됩니다. 또는 관절이나 피부, 방광, 간 등이 안 좋을 때 보조적인 치료효과를 얻기 위해서 먹이시는 경우가 대부분입니다. 최근에는 노령견들이 증가하면서 치매나 노화를 늦추기 위한 항산화제도 많이 먹이는 추세입니다. 위와 같은 성분들은 일반 사료에는 포함되어 있지 않거나 매우 적기 때문에 영양제를 통해 충분한 양을 공급해 줘야 합니다.

결론적으로 사료만으로도 정상적인 영양공급을 하는 데는 전혀 문제가 없지만, 어떤 질환이 있는 경우 보조적인 효과를 얻기 위해서는 필요한 영양제를 추가하시는 것이 도움이 됩니다.

강아지와 서열 정하기 _ 나만 무시해요_ ㅠㅠ

Q. 저희 집 봉구는 엄마, 아빠한테는 안 그런데, 저는 조금만 자기 맘에 안 들게 하면 물려고 쫓아다녀요. 실제로 물린 적도 많고요. 저를 무시하는 것 같은데, 왜 그럴까요?

A. 사랑스러운 강아지가 나를 물거나 무시한다면 무척 속이 상합니다.

동물들은 본능적으로 서열을 정하고 그 안에서 생활하게 되는데, 강아지의 경우도 마찬가지입니다. 본능적으로 가족구성원을 파악하고, 그 안에서 자기의 위치를 정하게 되지요.^^::

서열이 명확하지 않고 사람보다 위에 있다고 생각하게 된다면 사람을 공격하거나 짖는 행동들이 나타날 수 있습니다. 또한 발톱청소, 빗질, 목욕 등 관리를 할 경우에도 심하게 거부하거나 공격성이 나타날 수 있습니다.

따라서 무조건 예뻐하는 것보다는 서열관계를 명확히 하는 것이 즐겁게 같이 생활하는 방법입니다.

가족구성원들은 모두가 서열이 위라는 것을 확실히 해줄 필요가 있습니다. 그렇지 않으면 자기보다 낮은 서열이라고 생각하는 사람에게 공격성을 쉽게 드러냅니다. 이미 서열이 애매해진 경우에는 쉽게 바꾸기가 어렵습니다. 스스로 정한 서열을 바꾸기 위해서는 오랜 시간과 반복적인 훈련이 필요하기 때문에 인내심을 가지고 반복해야 하며, 행동전문가와 상담하에 전문적으로 교정하시는 것이 좋습니다.

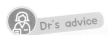 **좋은 간식 고르는 법 & 간식 횟수 정하기**

Q. 저희 강아지는 밥은 잘 안 먹고 간식만 먹으려고 해요. 간식은 아무래도 몸에 안 좋을 거 같은데, 간식을 이렇게 많이 줘도 될까요?

A. 간식이라고 무조건 나쁜 것은 아닙니다. 하지만 간식은 어디까지나 간식! 영양적으로 균형 잡힌 사료는 아니기 때문에 주식이 되어서는 안 됩니다. 요새는 간식의 종류도 다양하고 고품질의 간식도 많이 나와 있으니 이왕이면 좋은 간식을 선택해 주시는 것이 좋습니다.

Dr's advice

좋은 간식이란?

- 좋은 간식의 기준은 일단 강아지가 먹지 말아야 할 음식들이 들어 있지 않아야 합니다. 아무리 좋은 유기농이며 신선한 간식이더라도 포도나 초콜릿, 양파 등이 들어간 간식들은 먹이시면 안 되겠죠?
- 화학첨가물이나 보존제가 적게 들어간 간식이 좋습니다. 당연한 이야기지만 유통기한이 짧고, 자연의 색이 그대로 보이는 제품들이 좋습니다.
- 제품 뒷면의 내용물에 대한 표시사항도 꼭 체크해 주세요. 어떤 원료로 만들어졌는지 확인하시는 것이 필요합니다. 특히 알레르기가 있는 강아지들의 경우 더 유심히 살펴봐야겠지요?
- 캔에 들어 있는 간식과 같이 단백질, 수분, 당분 등이 많이 들어간 간식은 비만뿐만 아니라 이빨의 치석을 더 빨리 많이 발생하게 합니다. 이러한 내용물이 들어간 간식을 최대한 적게 주시거나 먹이신 후 이빨관리를 더 잘 해 주셔야 합니다. 가능하면 간식은 오랫동안 씹고 놀 수 있게, 또 동시에 치아 관리도 할 수 있는 기능성 있는 것들이 추천됩니다.

간식 횟수 정하기

- 첫 번째 원칙은 사료를 잘 먹는다는 조건하에 급여합니다.

  식성이 아주 좋은 녀석들을 제외하고는 대부분은 간식을 먹으면서 사료를 적게 먹거나 안 먹게 됩니다. 사료나 주식으로 먹는 음식의 양이 영향을 받지 않는 정도로 기준을 잡고 주시는 것이 필요합니다.

- 체중의 증감을 꼭 확인해 주셔야 합니다.

  한 개, 두 개씩 간식을 주시게 되면 체중 또한 금방 증가하게 됩니다. 1~2주 단위로 체중을 꼭 측정해서 많이 늘지 않는 범위 내에서 주시는 것이 좋습니다.

- 목적이 있게 주시는 것이 좋습니다.

  외출, 훈련, 칭찬용으로 주시는 것이 좋습니다.

  무조건 주시는 것보다는 간식을 먹는 것은 즐거운 놀이이고, 어떤 특별한 행동이나 상황에 먹는 의미 있는 것이라고 반복적으로 교육시켜 주시는 것이 좋습니다.

  이는 단순히 배만 부르게 하는 게 아니라 강아지에게 교육의 효과와 즐거운 자극을 줄 수 있습니다.

🐶 산책은 꼭 시켜줘야 하나요? 적절한 운동이나 산책 강도, 시간, 횟수는?

Q. 식구들이 워낙 바쁘다 보니 저희 강아지는 산책을 한 달에 2~3회 밖에 못 나가요. 강아지가 자주 산책을 해야 스트레스도 덜 받고 건강해진다는데 정말 그런가요? 적절한 산책이나 운동량은 어떻게 될까요?

A. 산책, 적절한 운동은 사람과 마찬가지로 동물에게도 건강을 유지하는 아주 중요한 요소입니다. 운동을 통해서 심장, 근골격계 발달은 물론, 생활의 활력과 즐거움을 주어 강아지들을 더 건강하게 할 수 있습니다.

Dr's advice

적절한 운동량이란?

사람과 비슷하게 생각하시면 됩니다. 몇 주에 한 번씩 몰아서 운동하는 것보다는 조금씩 자주 운동하는 것이 건강에 더 좋습니다.

몰아서 운동하게 되면 밖에 나가서 운동하는 건 힘들고 재미없는 거라는 생각을 갖게 합니다. 가급적이면 자주 나가서 운동량을 서서히 늘려 주시는 것이 좋습니다.

또한 몰아서 운동할 경우 오히려 건강에 무리가 올 수 있습니다.

건강한 강아지라면 보통 빠르게 걷거나 가볍게 뛰는 정도의 운동을 주 2~3회 정도 30~40분 정도씩 해주시는 것이 좋습니다. 비만이거나 관절이나 심장, 호흡기에 문제가 있는 아이들은 운동 강도와 시간을 줄이고 횟수를 늘려 주시는 것이 좋습니다. 그런 아이들은 보통 10분 정도씩 가볍게 걷는 산책이 권장됩니다. 운동 강도와 시간이 줄을 경우 총 운동량이 줄어서 살이 찔 수 있습니다. 이럴 때에는 횟수를 평소의 1.5~3배까지 늘려야 합니다. 약한 운동을 자주 해주는 것이 부담이 덜 됩니다.

첫 산책과 첫 운동이라면 먼저 끈과 바깥 생활에 대한 적응을 시켜주셔야 합니다.

목줄이나 가슴줄을 채우면 얼어붙는 경우도 있고 보호자가 제어하지 않는 방향으로 가서 기침을 하거나 피부가 쓸리는 경우도 있습니다.

초기에는 집에서도 목줄, 가슴줄 등을 채우셔서 적응을 시켜 주시고, 밖에 나가는 것을 무서워하는 경우에는 처음에는 안고 나가거나 잠깐 잠깐씩 데리고 나가서 좋아하는 간식이나 칭찬으로 적응을 시켜주시는 것이 좋습니다.

주의사항

a. 아주 덥거나 추울 때는 피하셔야 합니다.

　실내에서 생활하는 강아지들의 경우 추위에 더 민감하게 반응합니다. 반대로 너무 더울 때는 급격한 체온 상승으로 인하여 치명적인 열사병이 발생할 수 있습니다.

b. 질환이 있는 경우에는 각 질환에 맞게 상담 후 운동을 진행하시는 것이 좋습니다.

　예를 들면 관절질환이나 심장질환이 있는 강아지들의 경우 일반적인 경우보다 더 운동량을 적게 해야 하며, 쉬는 시간도 많이 가져야 합니다. 또한 운동 후에 증상이 더 심하게 악화된다면 운동량을 줄여야 합니다.

c. 밖에는 호기심 가질 만한 것들이 아주 많이 있습니다. 입으로 삼키거나 발로 건드려서 다칠 수 있기 때문에 주의해야 합니다. 특히 호기심이 왕성한 어린 아이들은 더욱 신경 쓰셔야 합니다.

d. 교통사고 – 사고는 갑자기 일어나고 준비되지 않은 상태에서 나타납니다. 항상 보호자만 따라다닌다고 해서 안전하지는 않습니다. 꼭 목줄이나 등줄을 해서 돌발상황이 생기지 않도록 해야 합니다. 교통사고는 대부분 보호자의 방심과 부주의로 인하여 일어납니다.

e. 교상 – 같은 강아지나 사람 등을 물 수도 있고 반대로 물릴 수도 있습니다. 공격성이 있는 강아지의 경우 항상 입마개와 목줄 등을 준비해 주세요. 또 이런 아이들은 물 경우를 대비해 광견병 접종은 주기적으로 해주시는 것이 좋습니다. 공격성이 없는 강아지의 경우에도 산책 시에는 다른 강아지의 공격을 받을 수 있으므로, 잘 알지 못하는 다른 개에게 접근하는 것은 피해야 합니다.

f. 산책 후에는 발바닥이나 배 부분 등을 청결히 관리해 주세요. 잘 닦아 주는 것도 중요하지만 깨끗이 말려주는 것도 중요합니다. 이러한 관리는 지간 습진이나 피부병 등을 예방할 수 있습니다.

애견의 질환 중에 사람에게 옮을 수 있는 것이 있나요?

Q. 강아지를 너무 키우고 싶은데, 엄마가 병 옮는다고 안 된대요. 정말 강아지가 사람한테 병을 옮길 수 있나요?

A. 기생충, 세균, 곰팡이 등은 모든 생물이 공유할 수 있습니다. 물론, 종류에 따라 숙주가 되는 대상이 달라지기 때문에 실제로 반려동물에게서 옮은 경우는 거의 볼 수 없습니다. 하지만 아직 밝혀지지 않았거나 드물게 사람에게 감염되었다는 보고가 있기 때문에 반려동물을 청결하게 관리하는 것이 권장됩니다. 정기적인 구충과 기본 건강관리(피부, 귓병 등), 생활환경을 청결히 해준다면 염려하지 않으셔도 됩니다.

그 외에 인수공통전염병으로 분류되는 질환들이 있습니다. 예를 들면 광견병이나 요즘은 거의 없는 렙토스피라 같은 질병입니다. 이 또한 예방접종 및 위생 관리를 잘 하신다면 염려하지 않아도 될 수준입니다.

🐶 아이랑 강아지랑 같이 키우면 안 되나요?

Q. 얼마 전에 출산한 아기 엄마입니다. 결혼 전부터 키우던 강아지가 있는데, 출산하고 나니까 시어머니가 당장 갖다 버리라네요, 애기한테 안 좋다고. 아이랑 강아지랑 키우는 게 문제가 되나요?

A. 항상 논쟁이 되는 부분입니다.

이에 대해 여러 가지 논문이나 의견이 나오고 있지만, 수의사의 관점에서 봤을 때는 크게 문제없다, 아니 오히려 '더 좋다'입니다(필자도 돌 지난 아기와 강아지 네 마리, 고양이 한 마리와 같이 생활하고 있습니다.^^;;).

강아지와 함께하면서 면역성도 강화되고, 다양한 감정들을 느낄 수 있어 아이의 정서발달에도 좋다고 생각합니다. 강아지와 함께 자란 아이들이 오히려 아토피나 다른 질병을 더 잘 이겨 낸다는 논문도 있습니다.

다만, 아이가 강아지를 살아 있는 생명체로 존중하지 못하고 장난감으로 여겨서 괴롭힌다면 이런 경우에는 강아지가 스트레스를 많이 받을 수 있기 때문에 신중히 고려하셔야 합니다. 또, 반대로 강아지가 아이를 질투하거나 싫어할 경우도 가족 모두에게 스트레스가 될 수 있습니다. 결론적으로 강아지와 아이를 같이 키우는 것은 건강상으로는 전혀 문제될 것이 없지만, 정서적으로 강아지와 아이의 사이가 원만하도록 조정해주시는 것이 중요합니다.

Q. 저는 아파트에서 골든 리트리버를 키우고 있습니다. 저희 아이는 착하고 잘 짖지도 않아서 아직 민원이 들어온 적은 없습니다. 하지만 같이 외출할 때 엘리베이터에서 사람이라도 마주치면 괜히 눈치부터 보게 되고, 나중에 뭐라고 하실까 봐 겁이 납니다. 아파트에서 강아지를 키우는 것이, 특히 저희 아이처럼 덩치가 큰 아이를 키우는 것이 법적으로 문제가 될까요?

A. 주택법 시행령 제57조[관리규약의 준칙] 3호에 「가축을 사육하거나 방송시설 등을 사용함으로써 공동주거생활에 피해를 미치는 행위」는 관리주체의 동의를 얻어야 한다고 되어 있습니다.

이에 관련하여 발표한 건설교통부의 해명 자료에 따르면, 이때의 동의기준은 애완견 등 가축을 기르는 세대 전체가 대상이 되는 것이 아니라 실질적으로 피해(배설물을 공용장소에 방치하는 경우 등)를 미치는 경우를 말합니다. 이웃 세대에 피해를 미치지 않는 애완견 등 가축을 기르는 행위 자체는 동의가 필요 없는 것입니다.

즉, 애완동물을 양육함으로써 이웃에 피해를 미치는 구체적인 사실의 입증이 없는 한 이웃의 동의를 얻을 필요가 없습니다.

하지만 반려동물을 양육하는 입주자 스스로가 배변 등을 방치하지 않도록 주의해 주시고, 짖음이 심한 개 혹은 발정기에 있는 고양이 등의 소음이 이웃에게 피해가 가지 않도록 하여 바른 반려동물 문화를 정착시키는 것이 중요합니다.

성대수술시키면 개가 우울증에 걸리나요?

Q. 저희 개는 정말 너무 심하게 짖습니다. 짖음 방지 목걸이도 채워 보고, 훈련소에도 보내 봤지만 잠깐뿐이고 결국은 소용이 없었어요. 이웃들한테도 너무 미안하고, 옆집에서도 더 참을 수 없는 지경에 이르러서 성대수술을 하는 수밖에 없을 것 같습니다. 성대수술을 하면 아이들이 심하게 스트레스를 받고 우울증에 걸린다는데 정말 그런가요?

A. 성대수술을 하는 대부분의 아이들이 이런 안타까운 경우입니다. 성대수술이 윤리적인 부분에서는 마음이 참 불편한 수술인데도, 어떤 방법을 써도 짖는 행동이 개선되지 않아 쫓겨날 위기에 놓인 아이들한테는 같이 살기 위한 마지막 수단이 되기도 합니다. 그나마 다행인 건, 대부분의 아이들은 성대수술 후에 곧 적응을 하고, 평상시대로 생활한다는 점입니다. 물론 수술 직후에는 수술로 인한 통증과 변화된 목소리 때문에 스트레스를 받을 수 있습니다만, 시간이 지나면서 적응을 하는 아이들이 훨씬 많습니다. 또 성대수술을 한 경우에도 시간이 지나면 수술 전만큼은 아니더라도 일정부분 소리를 내는 경우가 많습니다.

단, 성대수술 후에 나오는 소리는 완전히 쉰 소리거나 쇳소리가 나는 경우가 많기 때문에 이 소리로 인해 오히려 보호자의 스트레스가 생길 수 있다는 점을 유의해야 합니다.

Q. 강아지가 기침을 하거나 토할 때 사람 먹는 감기약이나 소화제를 줘도 되나요?

A. 강아지와 사람에게 쓰는 약의 종류는 거의 같습니다. 동물 전용보다는 사람에게 쓰는 약을 쓰는 경우가 더 많은 것도 사실입니다. 하지만 강아지의 경우 특히 소형견은 용량이 사람보다 훨씬 적게 들어가기 때문에 정확한 양을 주는 것이 중요합니다. 또 같은 약이라고 해도 동물에게서는 치명적인 부작용이 발생할 수 있기 때문에 정확한 용법이나 용량을 모르는 상태에서 적용하는 것은 굉장히 위험할 수 있습니다. 실제로 타이레놀을 강아지에게 과량 먹여서 심한 부작용을 나타내는 경우도 있습니다. 연고의 경우에도 연고의 종류나 스테로이드 첨가 여부에 따라서 오히려 역효과를 낼 수 있기 때문에 사용 전에 병원에 문의하시는 것이 좋습니다.
약은 절대 임의대로 사용하지 마시고, 사용하기 전에 수의사와 꼭 상담하시기 바랍니다.

Q. 저희 강아지는 디스크 질환을 앓고 있어서 허리 쪽을 만지는 것을 싫어하고 아파합니다. 아는 분이 강아지들도 침을 맞고 한방치료를 한다고 하시더라고요. 한방치료가 진짜 효과가 있나요?

A. 강아지에 실시하는 대표적인 한방치료는 침 치료입니다. 침의 경우 우수한 진통효과가 있는 것은 증명되어 있습니다. 따라서 정형외과, 신경계 질환인 경우에 좋은 효과를 본 케이스들이 많이 있습니다. 하지만 한방치료

만으로 구조적인 질환을 치료할 수는 없습니다. 예를 들어, 슬개골 탈구가 있는 아이들에게 침을 놓는다고 해서 슬개골 탈구가 치료되지는 않습니다. 따라서 한방치료 전에는 정확한 진단을 하여, 이것이 한방치료로 호전될 여지가 있는 질환인지 판단하는 것이 중요합니다.

강아지를 잃어버렸어요. 어떻게 찾을 수 있을까요?

Q. 얼마 전에 키우던 강아지를 잃어버렸습니다. 일단 가까운 병원에 연락도 해보고, 전단지도 붙여 봤는데 연락이 없네요. 너무 막막합니다. 찾으려면 어떤 방법이 있을까요?

A. • 이름표, 마이크로칩 등의 인식표가 있다면 걱정하지 마세요.
각 시, 군청 등에는 지정된 동물병원이나 유기동물보호소가 있습니다. 잃어버린 강아지들은 일단 그곳으로 모이게 됩니다. 인식표가 있는 동물들의 경우 바로 보호자를 찾을 수 있습니다.

• 인식표가 없는 경우에는 잃어버린 곳 주변부터 점점 범위를 넓혀 가면서 찾아보셔야 합니다. 동물병원이나 지정된 유기동물보호소에 먼저 연락을 해놓고, 유기동물을 보호하는 단체의 사이트도 계속 체크하여 새로운 유기동물이 들어왔는지, 그중에 내 강아지가 있는지 확인하는 것이 중요합니다. 최근에는 유기동물 관련한 애플리케이션도 있으므로 SNS나 이런 앱들을 활용하는 것도 좋습니다.

• 가장 좋은 방법은 미리 동물등록을 해놓는 방법입니다.

동물등록제란?
2014.1.1.부터 개를 소유한 사람은 전국 시, 군, 구청에 반드시 동물등록을 해야 합니다.
단, 동물등록 업무를 대행할 수 있는 자를 지정할 수 없는 읍, 면 및 도서지역은 제외되며,
등록하지 않은 경우 40만원 이하의 과태료가 부과됩니다.

동물등록 방법
1. 내장형 무선식별장치 개체 삽입
2. 외장형 무선식별장치 부착
3. 등록인식표 부착

동물등록을 해놓으면 반려동물을 잃어버렸을 때 동물보호관리시스템
(www.animal.go.kr)에서 동물등록정보를 통해 소유자를 쉽게 찾을 수 있습니다.
(농림축산 검역본부 홈페이지 참조)

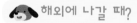 해외에 나갈 때?

Q. 이번에 미국으로 유학을 가는데, 저희 강아지도 함께 가려고 합니다. 무엇을 준비하면 될까요?

A. 각 나라마다 입출국 시 정해 놓은 기준이 있습니다. 그 해당 국가의 검역규정에 적합한 접종기록과 광견병항체검사 결과 등이 필요합니다.

또한 일부 국가에서는 그 나라에서 인정하는 검사기관의 서류만 제출해야 하는 경우도 있습니다. 농림축산검역본부 홈페이지(http://www.qia.go.kr)에서 검역절차에 대한 내용을 확인 하실 수 있으며, 일부 동물병원에서 서류 대행 서비스를 하기도 합니다.

비행기를 탈 때는 기내에 데리고 탑승할 수 있는 체중제한이 있으며, 기내에 마릿수의 제한을 두고 있기 때문에 미리 확인해 봐야 합니다. 탑승에 관련된 사항은 출국 전 해당 항공사에 문의하시기 바랍니다.

5
품종별 주의사항

강아지들은 품종별로 특히 더 많이 발생하는 질환들이 있습니다. 아래는 우리나라에서 많이 키우시는 품종들 위주로 많이 발생하는 질환들을 정리한 것입니다. 해당하는 품종들은 유사증상이 나타나는지 유의해 주세요.

 포메라니안

▌ 빡빡이 미용은 자제해 주세요

포메라니안은 원인불명의 탈모가 나타나는 경우가 많습니다. 특히 미용 후에 갑자기 털이 안 나는 경우가 종종 발생합니다. 갑상선 등의 호르몬이 원인으로 밝혀진 경우도 있지만, 끝까지 진단이 안 나오는 원인불명의 탈모인 경우도 종종 발생합니다. 이런 문제를 예방하기 위해서는 미용 시에 가능한 한 빡빡 미는 스타일은 자제하고, 가위컷 미용을 해주는 것이 좋습니다.

▌살이 찌면 안 됩니다

포메라니안은 슬개골 탈구 등의 관절질환과 기관협착증의 발생률이 높습니다. 이러한 소인이 있는 품종들은 비만할 경우 더 악화되기 쉽기 때문에 체중 관리가 매우 중요합니다.

페키니즈, 시추, 재패니즈 친, 보스턴 테리어 등

▌얼굴 부위에 충격이 가지 않게 주의!

이렇게 눈이 큰 아이들은 작은 충격으로도 안구가 튀어나올 수 있습니다. 안구탈출은 심할 경우 적출해야 될 수 있으니, 머리 쪽에 충격이 가지 않도록 주의해 주세요.

▌눈은 평생 신경 써야 합니다!

눈이 크기 때문에 각막궤양, 녹내장, 염증 등 각종 안과질환에 걸리기가 더 쉽습니다. 정기적인 안과검진과 관리가 중요합니다.

▌코주름 관리가 필요!

코가 눌려 있기 때문에 콧등의 피부가 주름져 있습니다. 주름진 사이에 피부병이라든지 주름진 피부가 각막을 자극해서 눈이 안 좋아지는 경우도 있습니다. 증상이 있을 경우 주름을 제거해야 할 수 있으니, 잘 관찰해 주세요.

단두종 증후군

코가 눌려 있는 아이들은 입천장이 늘어진다거나 콧구멍이 좁아져서 호흡이 잘 안될 수가 있습니다. 쉽게 헉헉대거나 코를 심하게 골 경우에는 검진이 필요합니다.

뼈의 각 기형(뼈의 휘어짐)

이런 품종의 아이들은 선천적으로 뼈가 휘어져 있는 경우가 많습니다. 대부분은 증상이 없지만, 뼈가 너무 심하게 휘어지면 관절에 무리를 줄 수 있으므로 검진이 필요합니다. 또한 살이 찌면 관절에 더 무리가 갈 수 있기 때문에 체중 관리도 중요합니다.

디스크

선천적으로 디스크 질환이 다발하는 품종입니다. 살이 찌지 않도록 주의하고, 너무 급격한 운동은 디스크 탈출을 유발할 수 있으니, 심한 점프나 등산 같은 운동 시 주의해야 합니다.

 콜리

심장사상충 예방 시 주의해 주세요!

콜리 품종은 대표적인 심장사상충 예방약인 이버멕틴 · 밀베마이신 등의 약물에 과민반응을 나타낼 수 있습니다. 따라서 위의 약의 투여를 피하고, 다른 약을 이용하여 예방하거나 예방을 하지 않고 주기적으로 검사를 하시는 것을 권장합니다.

누런 콧물이나 코피가 나는지 주의!

콜리와 같은 얼굴이 긴 장두종 품종들은 비강 감염의 발생률이 높습니다. 특히 아스페르길루스증과 같은 곰팡이 감염이 종종 발생하기 때문에 오염된 환경을 피하고 청결하게 유지하는 것이 좋습니다. 콧물이나 코피가 나올 경우에는 빠른 검진과 치료가 필요합니다.

 요크셔 테리어

체중 관리가 매우 중요합니다

요크셔 테리어는 선천적으로 기관협착증이나 슬개골 탈구와 같은 질환의 발생률이 매우 높습니다. 이러한 질환들은 살이 찌면 급속도로 악화됩니다. 꾸준한 체중 관리가 필요합니다.

물을 많이 먹여 주세요

결석이 다발하는 품종입니다. 결석을 예방하는 가장 좋은 방법은 물을 많이 먹고 소변으로 많이 배출하는 것입니다.

 **토이 푸들**

▌체중 관리가 매우 중요합니다

토이 푸들도 포메라니안이나 요크셔 테리어처럼 기관협착증이나 슬개골 탈구의 발생률이 높습니다. 또한 노령으로 가면서 쉽게 살이 찌고 당뇨 발생률이 높아지므로 꾸준한 체중 관리가 필요합니다.

▌올바른 식습관

푸들은 노령이 되면서 당뇨 발생률이 높습니다. 체중 관리와 더불어 올바른 식습관(강아지 전용 사료 급여)을 세우는 것이 가장 좋은 예방법입니다.

🐶 치와와 _ 머리에 충격을 주는 것은 금물

눈이 큰 치와와도 머리에 작은 충격만으로도 안구탈출이 발생할 수 있습니다. 또 선천적으로 머리의 두개골이 잘 안 닫히는('천문이 열려 있다' 라고 합니다.) 경우가 많기 때문에 어린 연령의 경우, 특히 머리에 충격을 주지 않는 것이 좋습니다. 또 이렇게 두개골이 잘 안 닫힌 아이들은 뇌수두증(뇌실 안에 물이 차는 질환) 발생률이 높기 때문에 보행이 이상하거나 발작을 하지 않는지 주의 깊게 살펴야 합니다.

선천적인 지방대사 장애

슈나우저인 아이들은 선천적으로 지방대사에 문제가 있어서 고지혈증인 경우가 많습니다. 식이와 체중 관리를 통해 최대한 예방해야 합니다.

결석이 발생하는지 관찰

또한 비뇨기 결석의 발생률이 높습니다. 정기적인 검진과 소변 상태를 잘 관찰하는 것이 중요합니다.

잘 안 보이는지? 시력 체크!

망막 위축증이나 시신경 저형성 등 선천적으로 시력상실인 아이들이 많습니다. 이러한 질환들은 예방이나 치료가 불가능하기 때문에 진단 후 관리가 중요합니다.

달마시안 – 잘 못 들어요!

선천적인 청력상실인 아이들이 많습니다. 청력이 상실된 경우 훈련이 잘 안되고, 보호자 말을 잘 안 들을 수도 있습니다. 무조건 성격이 이상하다고 생각하지 마시고, 청력검사를 받아 보는 것이 좋습니다.

이렇게 얼굴에 주름이 많은 아이들은 눈꺼풀도 심하게 주름지거나 처져 있는 경우가 많습니다. 이럴 경우 눈꺼풀이나 눈썹이 각막을 자극하여 각막 궤양이나 시력 감퇴를 유발할 수 있습니다. 눈동자가 잘 안 보일 정도로 눈의 주름이 심하다면 빨리 체크받아 봐야 합니다. 자칫하면 시력을 잃을 수 있습니다.

이 품종에서는 두개골 기형의 일종인 후두골 이형성 질환이 매우 다발합니다. 목 부위의 통증이 있거나 목을 심하게 긁는 경우, 보행실조를 보일 경우 검사를 받아야 합니다.

고관절 질환

선천적으로 대형견들은 고관절에 문제가 있는 경우가 많습니다. 고관절에 문제가 있을 경우 앉았다 일어나는 것을 잘 못한다든지, 걸을 때 비틀거린다든지, 앉아 있는 자세가 개구리 자세처럼 이상하게 앉는 등의 모습을 보입니다. 고관절 질환이 발생하는 것을 완전히 예방할 수는 없지만, 체중관리와 진통제 등으로 관리할 수는 있습니다. 심할 경우 수술이 필요하기도 합니다.

각종 종양 질환

간, 비장 등 내부 장기의 종양이 다발합니다. 6세 이상부터는 정기적인 건강 검진을 통해 조기 발견하는 것이 가장 좋은 치료법입니다.

위 확장 · 염전 항상 주의! – 천천히 먹고 충분히 쉬게 하자!

대형견에서 가장 무서운 질환 중의 하나가 위 확장 · 염전입니다. 대형견은 복강이 넓기 때문에 그 안에서 위가 돌면서 꼬여서 위가 폐색되고, 가스와 액체가 빠지지 못하고 풍선처럼 커지면서 확장이 되고, 나중에는 피가 통하지 않아 괴사가 일어납니다. 치사율이 매우 높은 질환이므로 예방이 중요합니다.

급하게 먹고 먹은 후 바로 심하게 활동한 경우에 다발하기 때문에 식이 속도를 조절해주고, 먹은 다음에는 충분한 휴식을 취할 수 있도록 자극하지 않는 것이 좋습니다. 가장 좋은 치료법은 위가 돌지 않도록 위를 복벽에 고정해 놓는 수술을 해주는 것입니다.

치료멍멍 미용실
(우리 아이 예쁘게 키우기)

 털 관리하기

▌빗질하는 법

강아지들 전용 빗의 종류에는 슬리커브러쉬, 핀브러쉬, 콤(일자빗) 등이 있습니다.

슬리커브러쉬

슬리커브러쉬는 대부분 견종의 빗질에 사용하며 속털이 있는 견종에 사용하기에 알맞은 빗입니다.

핀브러쉬

핀브러쉬는 말티즈, 시추, 요크셔테리어 등과 같은 장모종의 털 관리 시에 사용합니다.

콤: 일자빗

콤(일자빗)은 빗질을 마무리할 때 사용하기 적합합니다.

빗질을 할 때는 손으로 털을 제친 후에 속털부터 빗질하는 것이 좋습니다. 그렇게 하지 않고 겉에서만 빗질할 경우에는 속털까지 빗질이 되지 않아 털이 엉키게 됩니다.

빗질 순서 : 슬리커로 풀어 주고 콤으로 마무리

슬리커브러쉬로 속털부터 빗질한 후에 콤(일자빗)으로 마무리 하는 것이 좋으며, 엉켜 있는 털은 디탱글 등과 같은 모질 관리 제품을 사용하여 따로 풀어

준 뒤 전체적으로 빗질을 해줍니다.

빗질은 매일매일 해주어야 털의 엉킴을 방지하고, 피부와 모질을 좋게 유지할 수 있습니다.

▌머리털 묶는 법

양쪽 눈 끝 부분과 귀 시작 부분을 연결하여 하나로 묶어 주세요.

하나로 묶기

숱이 많은 경우에는 반으로 나누어 두 갈래로 묶어 주어야 눈앞으로 털이 쏠리지 않고 예쁘게 고정됩니다.

두 갈래로 묶기

머리를 묶고 잔털이 있을 경우 똑딱 핀이나 집게 핀으로 고정해 줍니다.

잔털 정리

묶은 부위는 매일매일 빗질을 해주어야 엉키지 않고 털이 끊어지는 것을 막을
수 있습니다.

▎모질을 향상시키는 제품

- 플럽앤펍(Fluff & Puff)
  - 제조사 ; Nature's Specialities mfg. (U.S.A)
  - 효능 및 효과 ; 피부와 모발에 보습작용 및 컨디셔닝 효과가 있습니다.
    모발의 정전기, 엉킴, 머리카락 날림의 완화 및 방지 효과가 있습니다.
  - 용 법 ; 샴푸 후 건조 시 피부와 모발에 가볍게 스프레이, 일상생활 시 보
    습을 위해 피부와 모발에 스프레이 합니다.

- 조익퍼메이크 에센스 모이스쳐(ZoicFurmake Essence Moisture)
  - 제조사 ; Heartland Co.Ltd. (Japan)
  - 효능 및 효과 ; 매끄럽고 차분하고 마무리를 위한 스프레이 타입의 에센
    스로 장모 반려동물의 미용 시 모발을 더욱 풍성하고 부드럽게 보이게
    해줍니다.
  - 용 법 ; 샴푸 후 물기를 없애 주고 완전히 분무하여 골고루 바른 다음 드
    라이와 브러쉬를 사용하여 건조시켜 줍니다.

- 실키 코팅 스프레이(Isle of Dogs Everyday Silky Coating Brush Spray)
  - 제조사 ; Isle of Dogs Corp. (U.S.A)
  - 효능 및 효과 ; 정전기를 방지하고 털의 뭉침을 손상 없이 풀어 주는 컨
    디셔너 스프레이로써 긴 털의 경우 부드러움을 더해 주고 모든 피모에

윤기를 부여합니다. 또한 먼지 같은 오염 물질이 털에 붙는 것을 막아 주어 피모의 청결함을 지속시켜 줍니다.

- 용 법 ; 적정량을 털에 분무하고 부드럽게 빗질해 줍니다. 산책하기 전 뿌리면 먼지가 털에 달라붙는 것을 방지해 줍니다.

• 러쉬 코팅 스프레이(Isle of Dogs Everyday Lush Coating Brush Spray)
  - 제조사 ; Isle Of Dogs Corp. (U.S.A)
  - 효능 및 효과 ; 본 제품은 스타일링 스프레이로 반려동물의 머리를 묶어 줄 때 사용하면 사랑스럽고 귀엽게 만들어 주며, 미용 시 원하는 스타일링을 쉽게 만드는 것을 도와줍니다.
  - 용 법 ; 털을 들어 모근에서 털끝 방향으로 분무하고 부드럽게 빗질해 주면 털이 살아 있으면서도 풍성해집니다.

• 디탱글 컨디셔닝 미스트(No.63 Detangle Conditioning Mist)
  - 제조사 ; Isle Of Dogs Corp. (U.S.A)
  - 효능 및 효과 ; 중모나 장모 견종의 털 정리에 효과적입니다. 본 제품은 엉킨 털을 정리하고 털이 정돈된 상태로 깨끗이 유지하도록 도와줍니다. 또한 털이 엉키거나 뭉치는 것을 방지해 주고, 사용 시 끈끈함이 없습니다.
  - 용 법 ; 엉키거나 매듭된 털에 분무하고 2분 정도 지난 후 사용. 사용시 끈적거리거나 기름기가 없으므로 물로 씻어 낼 필요가 없습니다.

• 이브닝 컨디셔닝 미스트(No.62 Evening Conditioning Mist)
  - 제조사 ; Isle Of Dogs Corp. (U.S.A)
  - 효능 및 효과 ; 저온으로 압축된 순수 앵초꽃 오일(Evening Primrose

Oil, 필수 지방산인 오메가 6 함유)을 함유하고 있습니다. 본 제품에는 앵초꽃 오일과 허브 추출물이 들어 있어 피부를 진정시키고 껍질이 일어나는 것과 가려움증을 완화해 주며 털에 광택을 줍니다. 또한 산뜻한 냄새로 체취 컨트롤에도 효과적입니다.

- 용 법 : 털과 빗에 골고루 가볍게 분무하여 주고 빗어 줍니다. 매일 사용 시 최상의 효과를 볼 수 있습니다.

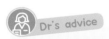 **Dr's advice**

적절한 미용 빈도

대부분 미용은 한 달 반에서 두 달 사이에 하는 것이 미용 스타일을 유지하고 털을 관리하는 데 도움이 됩니다.

목욕은 너무 자주 하는 것보다는 일주일에서 열흘 사이에 하는 것이 좋으며, 빗질은 매일매일 해주는 것이 좋습니다. 목욕 후에는 완전히 말려 주어야 피부가 건강합니다. 목욕을 할 때 발바닥 털 제거, 항문낭 관리, 발톱 체크 · 정리해 주는 것이 좋습니다.

단모종이나 테리어 종들은 일반 견종보다 목욕 기간을 길게 늘려 하는 것을 권장합니다.

 미용 스타일

| 전체적인 스타일

전체 가위컷

• 전체 가위컷 – 가위로 몸털을 동글동글하게 잘라서 모양을 냅니다.

• 전체 클리핑 – 몸털을 클리퍼로 밀고 얼굴과 귀, 꼬리 정도를 남겨서 모양을 냅니다.

전체 클리핑

• 전체 스포팅 – 몸털은 클리핑을 하고 다리털은 가위로 다듬어 모양을 냅니다.

전체 스포팅

얼굴 모양

특히 푸들의 경우 다양한 얼굴 모양을 시도할 수 있습니다.

테디베어

무스타슈

클래식

비숑

브로콜리

▌ 귀의 모양

아기 강아지 모양

얼굴형에 따라 라운드로

단발 모양   길게 기르기

▎발 모양

장 화   방 울

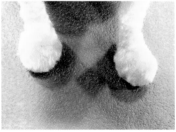

발 올리기   발가락 털 남겨서 동그랗게

위의 설명은 기본적인 스타일에 대한 설명입니다. 견종의 특징과 보호자의 취향에 따라서 다양한 스타일의 연출이 가능합니다.

? 질문 있어요!

Q. 미용만 하면 피부가 안 좋아져요!

A. 괜찮다가도 미용만 하고 나면 피부가 벌게진다든지 여드름 같은 것들이 올라오는 경우가 있습니다. 그래서 혹시 클리퍼가 더러워서 피부병이 옮은 것은 아닌지 오해를 사게 되는 경우가 많은데요. 대부분은 클리퍼에 피부가 자극이 되어서 그런 경우가 많습니다. 이러한 자극성 피부염을 나타내는 아이들은 가능하면 털을 빡빡 밀지 않는 것이 좋습니다. 클리퍼 날에 의해 피부가 자극되기 때문에 클리퍼보다는 가위를 이용해 털을 다듬는 가위컷을 하거나, 아니면 털을 약간 길게 남기는 클리핑을 하는 것이 추천됩니다. 또 미용 전후로 알레르기를 가라앉히는 주사를 맞는 것도 도움이 될 수 있습니다.

당신이 펫팸(pet family)족이라면 꼭 옆에 두고 보아야 할 필수 도서

동물병원 119 강아지편

개 정 1 판 2 쇄 발 행	2024년 08월 15일
초 판 발 행	2016년 11월 28일
발 행 인	박영일
책 임 편 집	이해욱
저 자	이준섭, 한현정
편 집 진 행	강현아
표 지 디 자 인	박수영
편 집 디 자 인	김지현
발 행 처	시대인
공 급 처	(주)시대고시기획
출 판 등 록	제 10-1521호
주 소	서울시 마포구 큰우물로 75 [도화동 538 성지 B/D] 6F
전 화	1600-3600
홈 페 이 지	www.sdedu.co.kr

I S B N	979-11-383-1287-5[03520]
정 가	16,000원

시대인은 종합교육그룹 (주)시대고시기획 · 시대교육의 단행본 브랜드입니다.

당신이 펫팸(pet family)족이라면
꼭 옆에 두고 보아야 할 필수 도서!

동물병원 119

강아지편